多数据中心
运行与管理

国网江苏省电力有限公司信息通信分公司
国网电力科学研究院有限公司　南京大学　组编

中国电力出版社
CHINA ELECTRIC POWER PRESS

内 容 提 要

本书以数据中心为线索，根据相关从业经验以及相关技术，以数据中心的发展，多数据中心的类型等为引，引出多站融合数据中心的概念，并从资源协同、运维等场景阐述了相关技术的运用、技术难点以及注意事项，并列举了相关应用案例以帮助读者加以理解。

全书共 8 章，分别是概述、多数据中心、多数据中心场景、多数据中心运维场景使用价值、多数据中心活动和技术、多数据中心运维协同、多数据中心人员和管理、协同团队构建。

本书可供信息化基础设施建设人员学习使用，也可供各单位信息化数据中心建设和运维人员参考

图书在版编目（CIP）数据

多数据中心运行与管理 / 国网江苏省电力有限公司信息通信分公司，国网电力科学研究院有限公司，南京大学组编 . —北京：中国电力出版社，2022.12
ISBN 978-7-5198-7023-2

Ⅰ . ①多… Ⅱ . ①国… ②国… ③南… Ⅲ . ①数据管理 Ⅳ . ① TP274

中国版本图书馆 CIP 数据核字（2022）第 155080 号

出版发行：中国电力出版社
地 　　址：北京市东城区北京站西街 19 号（邮政编码 100005）
网 　　址：http://www.cepp.sgcc.com.cn
责任编辑：罗 　艳
责任校对：黄 　蓓 　常燕昆
装帧设计：张俊霞
责任印制：石 　雷

印 　　刷：三河市百盛印装有限公司
版 　　次：2022 年 12 月第一版
印 　　次：2022 年 12 月北京第一次印刷
开 　　本：710 毫米 ×1000 毫米 16 开本
印 　　张：11
字 　　数：180 千字
印 　　数：0001—1000 册
定 　　价：45.00 元

前 言

　　数据中心、多站融合，在新基建舆论场中往往容易被混淆概念，各种认知的偏差带给相关从业人员极大的困惑。一方面我国的新基建工程突破一个接一个，极大地振奋着人心；另一方面多站融合环境中数据中心的建设越来越多，使得多数据中心压力越来越大。

　　作为国家电网有限公司一线信息化专业工作者，国网江苏省电力有限公司信息通信分公司协同相关科技项目研究单位，按照作者团队的理解，数据中心科学是多个类似技术问题的共性基础部分，其内容更为晦涩，更难被公众所理解，涉及专业领域很多。作者工作主要围绕信息化开展，承担着代表国家对电力信息系统各项强度性能要求，协同其他单位共同承担了国家电网公司"面向多站融合的多数据中心协同运行与智能运维关键技术研究及应用"科技项目的研究工作。对近几年来科技项目研究内容和相关成果发表的文章进行了筛选和整理，补充了部分内容，编写了《多数据中心运行与管理》，定位为涵盖一定基础知识的科普类书，面向多站融合从业的读者。本书以多数据中心使用研究中的几类热点问题为主线，如多中心运维、资源系统等，再辅以领域内的部分前沿技术和综述性文章，目的是为读者提供一个多专业融合的思维视角，开启多站融合下多数据中心使用学相关知识的一扇窗口。

　　由于作者和团队水平有限，为了增加趣味性，一些表述可能严谨性不足，恳请读者批评指正。谨以此书献给奋战在新基建数据中心领域的一线 IT 工作者们，愿早日夺取信息产业升级的全面胜利。

编 者

2022 年 4 月

1 概　　述

　　无论您是否喜欢，在信息化大爆炸的今天，日常生活的方方面面都在产生大量的信息数据，正在不断融入日常生活。也许现在已经出现在你的生活中，也许你已经与之建立了紧密的关联，例如无处不在的移动互联应用，随时随地获取的各种咨询信息，时刻享受的娱乐互动等。或许你现在还没有意识到它的无孔不入，但是现在信息化已经进入了无死角的状态。这么庞大的信息数据处理，与传统大数据中心的处理模式是存在一定矛盾的。在数据处置没有那么庞大时，通常进行集中处理，任何空间位置产生的数据都通过完了过进行归集，利用强大的计算处理和存储设备能力进行处理后再分发传输到需要的地方。在物联网急速发展的今天，在大数据技术成熟的今天，数据处理量已经是一个天文数字，传统数据中心是绝对不具备持久扩展能力的，很多冷数据和非核心数据也并不需要全部集中处理，并且很多互联网应用都遵循就近服务原则，这些都催生了多数据中心的协同使用场景，多数据中心既可以是多个大型数据中心，也可以是大型、中型、小型等数据中心的混合矩阵，多个大型数据中心的协同在云计算能力的加持下已经被应用得很好，但是众多中小型数据中心的集群使用依然是信息化基础资源亟待解决的难题。

　　本书结合多站融合数据中心的建设思维，描述了多站融合场景下多数据中心的事情要点。与其他数据侧重的内容有所不同，绝大部分数据中心类图书侧重于数据中心的建设或管理。本书将重点放在了面向多站融合场景的多数据中心上，首先多站融合就是一个比较新颖的概念，是作者团队在工作环境中衍生的一种数据中心应用模式，并以比较通俗的科普方式阐述此场景下多数据中心的使用要点，而不是阐述深层次的技术原理。

　　本书提供的主要内容可以简要总结如下：

　　第1章概述了本书的主要内容。

第 2 章阐述多数据中心的基本概念，介绍了数据中心的发展历程，以及多站融合数据中心的概念，并以此为基础阐述了融合的标准化需求。多数据中心的应用场景，尤其是资源协同方面的注意事项。

第 3 章阐述多数据中心的应用场景，一方面是整体的资源协同；另一方面是运维的协同合作。

第 4 章阐述多数据中心场景的使用价值，介绍要整体使用多数据中心的原因，与传统集中式数据中心的差异内容。

第 5 章阐述多数据中心的使用活动，侧重介绍一些具体的技术概念，辅助了解当多数据中心面临协同问题时的一些技术选择。

第 6 章阐述多数据中心的运维协同问题，在运行维护中如何具体融合多数据中心的条件，重点要协同克服的具体困难。

第 7 章阐述了多数据中心的人员配置和管理建议，分析多数据中心与传统数据中心人员配置和管理模式的差异性。

第 8 章阐述多数据中心在团队协同方面的建设建议，旨在使得团队更高效地进入自我成长状态。

尽管本书并没有避开技术话题，但是它以比较前沿的方式进行了描述，依然是一种专业技术的工具书。通过本书可体会多数据中心的"简单即好，仅当必要，再变复杂"。

2 多数据中心

当前，5G技术发展成熟，多数据中心的使用是信息技术发展中的必然经历的阶段。企业信息化在传统做法上是建立大型数据中心进行业务承载，随着业务量的增加会增加建设大型数据中心，构成多个节点共存的多数据中心，并利用灾备和双活等技术形成几个大型中心之间的集群模式。本书所讨论的多数据中心指的是跨数据中心，但并非这种多个大型数据中心的概念，而是一种比较宽泛的概念，更多的是面向那些众多的中小型数据中心的使用，毕竟大型数据中心本身就具备一整套完整的运行维护和资源调度能力，人力资源也是充分配置的，即使不存在其他的数据中心进行协同，也完全具备独立运行能力。因此，本书所述多数据中心主要呈现"云、区、边、端"的层次结构，其中"云"是一个概念，指所有数据中心统一构成的一套信息资源；"区"是指具备区域特征的大型数据中心，是用途明确的综合型中心；"边"是指具备边缘计算属性的中小型数据中心，是具备较强业务属性的数据中心；"端"则是具体的业务末端，是庞大中心资源的最终使用对象。多数据中心的整体结构见图2-1。

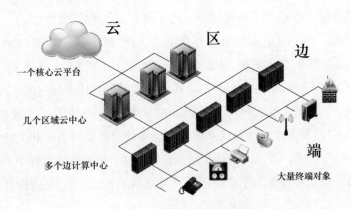

图 2-1　多数据中心的整体结构

要想理解和使用好多数据中心，首先，要从数据中心的发展历程出发回顾数据中心发展的几个重要阶段，结合新型基础设施、多站融合等新提出概念，体会多数据中心应用的必要性；其次，多数据中心使用的核心就是资源的协同使用，以及整体的运维协同，深入剖析其与传统数据中心的差异不同；最后，需要真正做到多中心之间的各种融合，以标准化手段进行规范化控制，才能保障多数据中心的持续长久使用。

2.1 简介

2.1.1 数据中心的发展历史

"数据中心"的概念通常解释有两个含义，一种理解是，只是一个数据集合，是数据资产的中心，并不带有物理实体资产的概念，类似于一个数据仓库；另一种理解是信息机房，是承载数据的物理环境、信息设备的集合，并不带有数据资产的概念，是承载数据资产的物理空间。多数据中心则不再是指狭义的机房环境，现代数据中心应该是服务于业务发展需求的一个广义的"IT资产集"，以及资产集的相关活动，多数据中心的使用要将物理设备资产，以及运行在其中的数据资产一同进行管理维护。因此，数据中心从起源至今，虽然承载着网络世界，也承载着日常生活，如今需要数据中心完成更多的是信息数据的处理，而不能单做纯机房来看待。单从数据中心的产生历史角度区分，可以将历史分为五个主要阶段。

1. 第一阶段：数据信息处理阶段

本阶段数据中心还处于发育状态，还不能称之为现代数据中心，是一个从无到有的过程，更多的是独立信息处理能力。例如1946年，第一台现代电子数字计算机（见图2-2）ENIAC的诞生（长30.48m，宽6m，高2.4m，占地面积约170m²，重30英吨，耗电量150kW）开启了人类计算新时代。

20世纪60年代大型机时代（见图2-3），数据中心被叫作"服务器农场"（Server Farm），用来容纳计算机系统、存储系统、电力设备等相关组件。

20世纪80年代，微机市场一片繁荣，IBM在1982年推出首个真正意义上的PC 5150，信息处理能力正式进入了高度集成的时代。个人信息处理标志见图2-4。

图 2-2　第一台现代电子数据计算机

图 2-3　大型机的服务器农场时代　　　图 2-4　个人信息处理标志

至此阶段所有的数据信息处理还都是以独立的个体为单位开展的，是高度集成化的一个计算资源集，处理的能力和范围都存在很大的局限性，尤其是与其他个体终端进行数据交互时存在极大的不便利性，这就催生了互联网的产生，才有了真正的数据中心到来。

2. 第二阶段：传统数据中心阶段

20 世纪 90 年代，互联网时代开启，微计算产业迎来了繁荣景象，连接型网络设备取代了老一代的 PC，Client-server 技术模型出现后，服务器单独放在一个房间里，正式用"数据中心"一词命名该机房。此阶段互联网技术已经产生，可以将数据信息处理阶段所有个体设备进行互通互联，此时的 PC 不再需要极为强悍的计算能力，而是将高性能、高存储的能力统一放在一起进行运算和维护，提升了信息处理的大集中条件，因此传统数据中心形成了数据机房与IT 硬件设备的集合，此时的 IT 硬件设备包括服务器设备、存储设备、网络设备等。传统数据中心如图 2-5 所示。

图 2-5　传统数据中心

这个阶段的数据中心还呈现出 1 台物理服务器一般只能安装单一的业务软件，利用率低，资源虽然物理集中，但是资源呈现了浪费。普遍服务器资源利用率低，资源不存在动态能力，与业务的运行状态不存在动态比配，也不能做到按需分配，这就催生了资源虚拟化的产生。

3. 第三阶段：虚拟数据中心阶段

随着 VMware 等虚拟化厂商的崛起，服务器等计算资源虚拟化技术的逐渐成熟，已经能够将数据中心内各种资源进行虚拟分配，实现了资源的按需部署、按需分配，打破了服务器硬件资源和运行业务的强关联。虚拟化技术的出现彻底打破了资源的壁垒，此时的数据中心不再是按照某几个业务需求采购 IT 设备，而是按照一个需求的整体进行扩容建设，1 台服务服务器通过虚拟化软件可以虚拟化成几台虚拟机，同时提供给多个业务分别使用。虚拟数据中心见图 2-6。

图 2-6　虚拟数据中心

此阶段的数据中心还只是将数据中心内的资源壁垒打破，数据中心之间的资源壁垒依然存在，并且随着信息量的爆炸，数据中心也开启了超大规模建设模式，同时也是为了节约人力成本，通过规模化效应提升资源的弹性和可使用空间，因此数据中心的使用越来越趋向于云化，需要彻底打破资源壁垒形成弹性服务。

4. 第四阶段：云数据中心阶段

提供虚拟化数据中心的全部能力，还可依托云计算平台提供大数据、人工智能等服务，此时的数据中心已经不再是提供基础资源，而是能够协同提供各种服务能力，是一种综合性的云服务中心，建设也呈现出明显的云化特征，将几个大型数据中心构建在一起，形成一个物理分散、资源统一的云，业务应用已经彻底和承载资源解耦。云数据中心阶段见图2-7。

图2-7 云数据中心阶段

此时的数据中心依然以少数几个大型数据中心为依托构成，是集中建设模式的集大成者，随着业务种类的多种多样，大型数据中心的规模也越来越大，对空间、配电、环境等要求越来越苛刻，能源已经呈现极大的浪费，此时就催生了多数据中心的使用需求，按照不同的层级就近服务，让整个云结构更为灵活。

5. 第五阶段：多数据中心阶段

2015年，国务院印发的《关于积极推进"互联网＋"行动的指导意见》针对"互联网＋智慧能源"专项中指出推进能源生产智能化建设。2020年3月中央提出加快5G网络、大数据中心等新型基础设施建设进度，更好推进中国经济转型升级。2020年4月2日，国家电网有限公司召开"新基建"工作领导小组第一次会议，会议指出，要加快新型基础设施建设，在落实党中央决策部署中抢抓新机遇、实现新突破，加快建设具有中国特色国际领先的能源互联网企业。新基建已经成为数据中心建设的重要指导方向。此时的数据中心要紧密贴合 5G 等基础设施的特征，提供云计算中心所有能力外，还将云计算能力延伸至人群和设备端，减少业务和数据传送到云计算中心处理的延迟。需要按照多数据中心结构构建层次分明的资源结构进行整体服务，数据中心为其他新基建（5G、工业互联网、人工智能）提供基础设施的支撑。多数据中心需求见图 2-8。

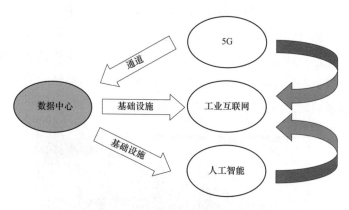

图 2-8　多数据中心需求

此时的多数据中心最重要的特征有三个，分别是分布式特征、互联网特征、数据化特征。

（1）分布式特征，从能源输出到使用支撑信息化，从中心资源到边缘资源构成一个网，不同的资源需求在不同层级进行分布式部署满足使用需求，不再集中进行超大规模集中建设而脱离边端。

（2）互联网特征，应当以互联网"开放，协作，融合，对等"的价值观为导向，创造性地融合先进 ICT 技术来构建一张智慧的信息资源生态，并同时包括基础设施和服务运营的资源服务网络。

（3）数据化特征，遍布全国的传感器产生海量实时数据，构建一个庞大的数据分级处理网，通过多中心机制将数据汇聚起来，覆盖政府、社会、企业和用户信息，打破数据比例可服务社会各方面。

2.1.2　数据中心的发展趋势

近年来，云计算技术发展迅猛，作为云计算的物理平台和重要基础设施，数据中心的数量和规模都得到了前所未有的发展[23]。根据国际环保组织绿色和平与华北电力大学联合发布的《点亮绿色云端：中国数据中心能耗与可再生能源使用潜力研究》报告指出，2018 年，中国数据中心总用电量 1608.89 亿 kWh，占中国全社会用电量的 2.35%，超过上海市 2018 年全社会用电量。据此预计，2023 年中国数据中心总用电量将达到 2667.92 亿 kWh，未来 5 年将增长 66%，年均增长率将达 10.64%，表明数据中心的能耗还在不断加大，如果不重视占比越来越大，不利于社会的节能减排。统计报告称，与巨大的能耗相对应的是极低的资源利用率，典型数据中心的资源利用率通常为 5%～25%，平均只有 10%。

数据中心巨大的能源消耗，严重阻碍了数据中心本身的发展以及节能型社会的创建，已经成为一个对技术、经济、环境发展具有重要影响的重大社会问题，急需解决。目前，已经有很多研究者提出了各种数据中心建设技术和方法，来降低数据中心能耗。其中，工业界广泛使用的数据中心能效衡量标准主要是电能使用效率（Power Usage Efficiency，PUE）。在数据中心设计建设阶段，通过各种先进的技术手段降低 PUE 指标，用来降低数据中心不必要的能源消耗是数据中心建设时的普遍现象，甚至出现数据中心设计方案一味地追求 PUE 指标最低极限的现象。其实，影响数据中心 PUE 的因素非常多，如平均气温、地理位置、空气质量等直接影响因素，网络条件、电源条件、需求来源、运维成本等间接影响因素。

数据中心不但是一个高耗能实体，同时也是一个资产密集型实体。一味追求 PUE 的极致，可能会带来建设、运行成本的大幅变化，对密集资产的价值发挥是产生极为不利影响的，甚至是矛盾的。数据中心建设时既要考虑 PUE 的能源效率问题，也要考虑 ISO 55000 所描述的资产价值情况，评价资产价值指标 SEC（Security，Effect，Cost）。不应该一味追求 PUE 最低极限，应该充分考虑数据中心的生命周期情况，让单位成本能发挥的资产价值最大，过分追求 PUE 最低会降低单位成本所发挥的资产价值。这种数据中心资产高能效、资产价值大的目标已经成为数据发展的新趋势。多数据中心更是要发挥集群效用，实现整体资源价值的最大化和整体能效的精准控制，才能避免数据中心早期发展阶段的高投资、利用率的弊端。

2.1.3　多站融合数据中心

2018 年，中央经济工作会议重新定义了基础设施建设，把 5G、人工智能、工业互联网、物联网定义为"新型基础设施建设"。随后"加强新一代信息基础设施建设"被列入 2019 年政府工作报告。2020 年 3 月，中共中央政治局常务委员会召开会议提出，加快 5G 网络、数据中心等新型基础设施建设进度。新基建是"互联网＋"战略行动的承载基础。其中，数据中心是新基建的重要组成部分，涉及信息化基础支撑能力的等各环节，覆盖各行各业和千家万户，拥有应用潜力和价值。建设运营新基建的数据中心基础，推动国家能源领域大数据跨界融合，成为新型数字基础设施建设的重要抓手，帮助能源资源的合理配置和利用，促进广泛互联、融合开放的能源互联网生态的建设。

多站融合数据中心（见图 2-9）是国家电网公司提出的一种数据中心建设模式，充分利用变电站的电力等资源，以及空间的分布能力，融合建设中小规模的数据中心站点，形成多数据中心布局结构，紧跟多数据中心发展新阶段和高效能的发展趋势，为新基建进行快速建设而提出的一种多数据中心建设模式。

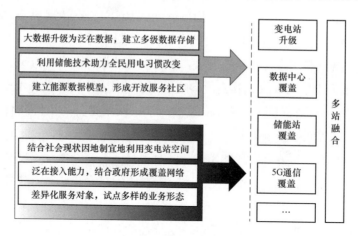

图 2-9　多站融合数据中心

多站融合数据中心既可以是数据中心站点的融合，也可以有更多站点技术能力的融合，最大的特征就是能够形成集群效用，贴合边缘使用特性快速构建多数据中心结构，快速服务于新基建的应用。

2.2　资源协同和运维协同

2.2.1　数据中心资源隔离

在实际生产环境中，数据中心的集群通过资源共享的方式充分复用资源。

尽管该方式提升了各项资源的利用率,但也带来了资源竞争等问题。数据中心的构建者与使用者需在资源共享与竞争之前取得平衡,从而保证集群上层的应用正常运行。通过隔离技术,例如,环境隔离、压测隔离、缓存隔离以及查询隔离等手段,数据中心可降低不同应用的执行风险并提升其性能表现。在诸多隔离技术中,资源隔离技术在应用发生资源竞争时能够提供运行时资源保障,这为数据中心的资源协同机制提供了基础。因此,资源隔离技术在数据中心中具有不可或缺的作用。

从资源类型的角度上看,资源隔离技术在大体上可分为 CPU、磁盘、内存和网络四个维度。由于 CPU 存在多个时间片,因此可将其分配给多个进程使用。而磁盘和内存属于消耗性资源,当某个进程使用磁盘和内存资源时,该资源无法供其他进程使用,否则磁盘和内存中的内容会被其他进程覆盖。对于网络资源这一维度,资源隔离技术的关注点在于不同业务的网络带宽占用。

由于硬件在性能隔离上存在的局限性,基于软件层面改造的资源隔离技术,例如,Cgroups 技术和容器技术,以内核特性的形式出现。Cgroups 技术是容器技术发展的一大关键节点,其目标是为进程提供操作系统级别的资源限制、优先级控制、资源审计以及进程控制能力。对于 CPU 资源,Cgroups 技术可限制其资源使用上限并通过 CPUset 等方式对 CPU 缓存进行隔离;对于内存资源,Cgroups 技术同样可限制其资源使用上限;对于磁盘资源,Cgroups 技术限制块设备 I/O 以实现磁盘 I/O 隔离;对于网络资源,Cgroups 技术可标记进程的网络数据包,而后使用 TC (Traffic Control) 模块对数据包进行控制。

尽管 Cgroups 技术涵盖了资源隔离的大部分需求,但该技术仍存在部分缺陷。首先,不同的 Cgroup 结构体可能共享 CPU 的 L1、L2、L3 缓存,这可能影响缓存命中率,进而影响程序的执行性能。其次,对于内存和网络资源而言,Cgroups 技术无法限制内存、I/O 和网络带宽等竞争激烈的资源;在应用实际执行过程中,这类资源往往会对应用性能产生较大影响。上述缺陷的存在使得更强的隔离特性在内核层面被开发出来,例如 CPU 维度的超线程对、调度器以及三级缓存;内存维度的内存带宽隔离;磁盘维度的 I/O 带宽限速;网络维度的单机层面流量控制等隔离特性。此外,在实际生产环境中,除 CPU、内存、磁盘和网络维度以外,其他维度的资源隔离也起到了较为重要的作用,例如缓存。通过为不同业务设置不同的缓存优先级,数据中心可实现缓存资源的隔离。上述资源的隔离为资源协同机制提供了基础，这使得数据中心中应用的资源管理与分配成为可能。

2.2.2　数据中心资源管理

数据中心资源由 CPU、内存、磁盘、网络等硬件资源以及操作系统、中间件等软件资源组成，而数据中心资源管理面向的对象为硬件资源。资源管理模块需要将数据中心中海量的硬件资源集中处理，并未为应用的资源分配与调度提供基础，进而使得数据中心提供的服务具有高性能、高可用性以及可扩展性等特点[34]。

数据中心资源管理的发展大致可分为特定期、抽象期以及自动期三个阶段。第一阶段，数据中心将根据应用的特点配置具有特定特征的资源，因此管理人员需要针对特定资源分别管理；第二阶段，各类资源被抽象后形成资源池并提供统一的接口，管理人员可通过接口对资源进行抽象化管理；第三阶段，随着软件定义数据中心的发展，资源管理趋向于自动化管理。自动化的资源管理方式使得资源控制与管理变得更加灵活与高效，这为数据中心资源的高效分配与调度提供了技术支撑[25]。

由于传统数据中心根据不同硬件各自管理物理资源，且基本对资源不进行虚拟化处理，因此此处在考虑资源管理对象时面向的数据中心为软件定义数据中心。图 2-10 展示了资源管理对象的分层结构。其中，物理资源层包含了数据中心的硬件资源，例如存储、网络以及计算资源等；资源抽象层包含与物理资

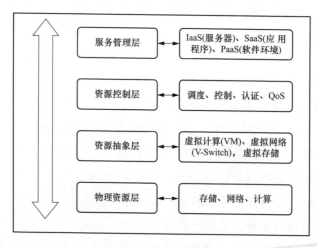

图 2-10　资源管理对象分层结构

源层对应的虚拟资源；资源控制层基于资源抽象层提供的虚拟资源为上层提供调度、控制、认证以及 QoS 等功能；而服务管理层利用上述功能为使用数据中心的用户提供基础设施、应用以及平台等云服务[35]。

资源管理的主要策略包括资源感知、资源监控以及审计等手段。其中，资源感知是指资源管理服务器通过高速总线和设备驱动进行交互；资源监控则是对所管理的硬件资源进行监控；审计是在资源监控的基础上对资源和数据的使用状况及其状态进行汇总和记录。通过上述手段，资源管理能够为应用的资源分配与调度提供技术支持，从而可靠、安全、灵活地管理数据中心提供的云服务。

2.2.3 数据中心资源分配与调度

在数据中心中，数据处理任务需要多种类型的资源才能正常执行。针对多租户多类型的应用场景，数据中心往往存在一个或多个资源调度系统，这些系统可通过协调统一为不同业务分配资源。

当业务的资源需求已知或可预测时，资源分配与调度系统仅根据资源需求即可为业务分配资源。然而，在实际生产环境中，业务的资源需求往往难以准确估量。此外，用户在业务开始执行前配置的资源需求通常无法准确地描述业务的真实资源需求，因为随着应用执行，业务的资源需求通常会根据资源使用情况以及资源可用量发生变化。因此，基于用户配置的资源分配方案过于简单，数据中心存在的资源调度系统正是为了弥补这一缺陷，从而为不同业务实现更合理的资源分配策略。

2.2.1 与 2.2.2 已经提及，数据中心资源的隔离与管理保证了运行时的业务优先级和服务水平协议（Service-Level Agreement，SLA），同时做到了运行时资源保障，这为资源分配提供了技术基础。从单机角度分析，资源分配与调度的核心在于资源复用，而内核隔离等技术通过对资源进行隔离，从而可降低资源竞争的风险。以计算资源为例，CPU 资源在内核运行机制中按照轮询算法将时间片分配给不同进程。通过对任务进行优先级区分，CPU 资源可按照优先级制定相应策略，并且按需分配给对应任务，而 CPU 资源分配产生的竞争问题依赖资源隔离等内核技术对 CPU 资源进行隔离。因此，从资源底层的角度上看，资源分配与调度技术依赖资源隔离等内核技术为其提供技术支撑。

资源分配与调度的整体架构如图 2-11 所示，最底层为基础设施层，包含机器、网络等硬件设施；往上一层为资源抽象层，包含各项资源组成的资源池；

再上一层为资源调度层，通过进一步分层架构，上层调度器负责协调底层调度器的资源管控和资源分配决策；最上层为面向业务的资源管控层，可直接交付资源给不同业务。

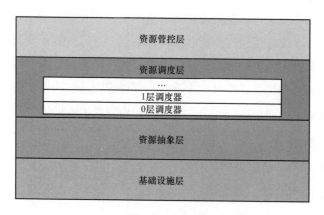

图 2-11　资源分配与调度整体架构

2.2.4　数据中心运维监控

相较于数据中心的服务实现模块，尽管运维监控与管理模块所需人员较少，但其仍占据较为重要的地位。图 2-12 为市场情报公司 Tractica 在 2020 年按应用场景对全球电信 AI 软件收入进行统计及预测的结果，该图预测至 2025 年，电信运营商将 AI 用于运维监控和管理的支出将占到电信业 AI 支出的 60%。该预测结果表示运维监控与管理将随着 AI 技术的发展愈发成熟与高效，同时也彰显了运维监控与管理的重要性[24]。

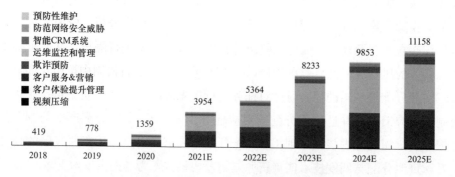

图 2-12　全球电信 AI 软件收入按应用场景统计与预测（E 表示预测）

注：资料来源为 Tractica《2018—2025 年全球人工智能收入预测》。

数据中心的运维监控指的是使用运维工具和业务系统采集业务产生的大量数据集，并根据运维人员制定的规则对其发送告警信息。以网络监控为例，监控系统需使用多台服务器对网络日志等指标进行监控。该操作首先按照负载分担的方式对监控数据进行采集，而后按照具有一致性的模板集中展示所采集的数据，进而为运维人员提供查询和告警等功能，整个过程同时需要数据存储技术和告警算法的支持[36]。

随着云计算的发展，网络的快速云化给运维监控带来了很大挑战。一方面，设备数量与种类的增加导致数据总量和复杂性急剧上升；另一方面，运维监控的自动化程度较低，这使得运维的深度与广度不足，从而导致关键告警信息被淹没。因此，新一代运维监控技术应当在保障可用性的同时为高效、低成本、高质量的运维管理打下基础。

2.2.5 数据中心统一运维管理

云计算使得数据中心向服务化、自动化、虚拟化和智能化等方向迅速发展，数据中心的业务变得更加快速、灵活和具有弹性。然而，数据中心在面对用户的特性上发展往往快于面向运维，因此，运维管理相较于数据中心往往面临着更大的挑战。此外，多数据中心的引入提升了资源协同与运维协同的难度，这使得数据中心的统一运维管理更具挑战性。统一的运维管理不仅要求保障资源与运维的可用性，还需有效提升运维效率、提高服务水平，从而通过数据中心为用户提供经济、高效和高可用性的云服务。

数据中心统一运维管理涉及基础环境复杂度、多数据中心协同和监控等问题。多数据中心协同问题的解决方式取决于各数据中心的网络架构方式，如果各数据中心的采用统一规划的方式架构网络，运维管理可采用集中式监控。否则需解决各中心之间的网络连通与数据交互问题，下面简要介绍涉及数据中心间网络互通的统一运维管理。

首先，数据中心需建立自动化配置管理模块，统一管理业务系统、机器资源、数据库、中间件等基本信息，从而为运维管理功能提供基础环境信息，例如 IP 地址、OS 类型与版本以及数据库类型与版本等；其次，在上述基础信息与数据中心信息互相关联后，系统可结合该信息建立以业务系统为单位的运维对象模型；而后，系统需部署相应监控模块，并定义各类基础监控策略，实现基本数据的采集与告警；最后，系统可建立严格的数据访问控制以及安全策略，从而实现运维的统一管理[37]。

2.3 多数据中心与传统数据中心

2.3.1 传统数据中心

传统数据中心的发展经历过几个不同的阶段。在数据中心发展之初，数据中心的服务器大多呈单机形式分布，即应用服务大多数部署在单机上，服务器之间的通信场景较少，如图 2-13 所示。随着互联网技术的发展，单机性能存在瓶颈导致无法满足服务需求，因此数据中心的发展呈现分离趋势，性能相似的服务器分布在同一区域，从而为应用提供不同服务。例如，多台 CPU 性能较高的服务器与存储介质较好的服务器呈分离式分布，而功能相同的服务器又呈聚集式分布，两种类型的服务器分别为应用提供计算与存储服务，详细情况如图 2-14 所示。

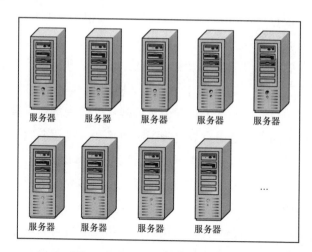

图 2-13　数据中心单机阶段示意图

随着终端普及与硬件资源成本降低，数据中心中数据的规模不断增大。与此同时，集群技术的发展使得数据中心的架构发生改变。业务发展的状态使得单节点无法满足性能需求，服务故障损失也越来越高，而集群式架构正好弥补了上述缺陷。多台价格低廉的服务器组成集群后，可满足用户高可扩展性的性能需求；此外，集群技术提供的负载均衡、容错等机制能较低服务故障损失，进而提高了数据中心的并发能力和快速故障转移与恢复能力。与此同时，集群技术同样引入了集中式状态管理机制，这大幅提升了数据中心的处理效率。

图 2-14　数据中心分离阶段示意图

2.3.2　多数据中心建设

2.3.1 提及的几种传统多数据中心均为单数据中心，当遭遇由于不可预知因素导致的数据中心故障时，部署在单数据中心的应用往往会停止服务。因此用户可通过多数据中心多活部署提升数据中心的故障转移能力，从而将数据中心故障的风险由单数据中心分散至多数据中心。

从数据中心服务请求者的角度上看，多数据中心的底层细节被屏蔽，用户无法感知服务来源是哪一个数据中心。因为部署在多地的多个数据中心可同时对外提供服务，从而实现在某个数据中心出现灾难性事故时，产生事故的数据中心的流量可被划拨至其他数据中心。由于多数据中心的快速故障转移能力，单个数据中心宕机无法影响多数据中心正常提供服务。

直观上看，多数据中心与传统数据中心的区别在于其提供了多个独立而互相联系的数据中心。但是，多数据中心不仅仅是多个传统数据中心的简单叠加，为了实现故障的快速转移而构建的多数据中心需要解决几项关键问题。首先，多数据中心需实现单个数据中心的独立性，该机制依赖于资源隔离与管理技术；其次，多数据中心需解决各数据中心的协同问题。当数据中心使用者请求服务时，服务路由策略需确认服务请求将被分发到哪个数据中心，该问题的解决方案涉及资源与运维协同技术。

2.3.3　传统数据中心与多数据中心异同

多数据中心与传统数据中心存在许多不同与共同之处，下面将从数据管理、服务发现以及应用特性三个角度对两者的异同进行阐述。其中，数据管理包含数据分类、切分与互备；服务发现涉及服务分类与服务路由；而应用特性则主要阐述应用的无状态性。

2.3.3.1　数据管理

在数据分类上，多数据中心和传统数据中心均可按照数据的使用性质将数据分为独占数据和共享数据。数据中心的独占数据和共享数据的示意图如图 2-15 所示。由于在数据中心构建系统的目的是为用户提供服务，因此系统存储的数据主要为用户关联数据，这部分数据由用户独占；当采用数据分片技术对数据进行切分时，某个用户的独占数据被切分到某个分片中。与独占数据对应，数据中心同样存在全部用户共享的数据，当采用数据分片技术对数据进行切分时，每个数据分片必须包含全量的共享数据。

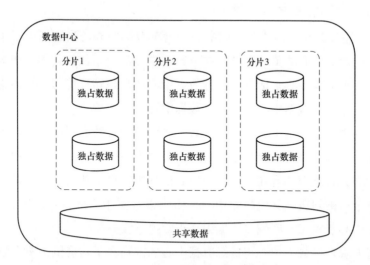

图 2-15　数据中心数据分类示意图

对数据进行分类后，数据中心还需对数据进行分片。对于传统数据中心而言，分片操作包含分库分表和数据分片两个步骤；但对于多数据中心而言，分片操作除上述步骤外，还包含分配到数据中心这一步骤。对于用户产生的数据，系统首先确认其分表标号对其进行分库分表，而后确认其分片序号对其进行分片，最终通过路由策略将分片的数据流量划拨到不同数据中心。当多数据中心进行扩展时，系统可按照分片将用户流量路由到新的数据中心，同时将对应的分表迁移到该数据中心，由此有效避免数据中心的拆分与合并。

传统数据中心与多数据中心均需要通过数据备份避免节点故障导致服务不可用的情况，但多数据中心除单数据中心内部的数据备份外，还需考虑多个数据中心之间的数据互相备份。当某个数据中心不可用时，系统将服务请求转移到另一个数据中心，该功能要求目的数据中心拥有源数据中心相同的数据。后面将从数据库、分布式缓存、分布式队列以及中间件数据对不同数据中心的数据互备进行阐述。

对于数据库数据而言，共享数据和独占数据分别通过竞争型服务与独占型服务写入其他某个数据中心，而后通过数据同步机制同步到其他各个数据中心。对于分布式缓存而言，数据互备原理与数据库数据类似，数据通过分片规则写入不同分片，而后通过数据同步机制同步其他数据中心的分片。对于分布式队列数据而言，数据通过消息队列底层的桥接、转发技术和上层的汇聚、分发技术进行多数据中心间的互相备份。对于中间件数据而言，可采用统一配置方案，例如 Zookeeper 方案等，实现数据互相备份。

2.3.3.2 服务发现

此处将从服务分类与服务路由的角度列举传统数据中心与多数据中心在数据管理上的异同。

传统数据中心与多数据中心在服务分类上大体相似，服务可分为独占服务、共享服务以及竞争服务。对于独占服务而言，根据服务入口层的流量分流策略，服务请求按分片路由到对应的数据中心。由于独占服务相关的分片都在同一数据中心，因此用户对该服务的所有请求都会固定落入其所属的数据中心。对于共享服务而言，其采用的路由策略是服务提供者从服务被调用的数据中心为服务消费者提供服务，即消费者在某数据中心请求共享服务，服务请求流量则进入该数据中心。由于共享数据是所有分片共享的数据，因此共享服务的使用有效避免了跨机房调用，从而减少了服务响应时间。对于竞争服务而言，所有对该服务的请求都流向同一数据中心，例如对于共享数据的写服务。由于共享数据是所有分片共享的数据，对分片进行访问的竞争服务请求应在固定的数据中心写入，而后将修改同步到其他数据中心。

在服务发现领域，多数据中心与传统数据中心的不同之处在于前者需考虑将流量分配到合适的数据中心，该功能的实现依赖服务路由机制。在多数据中心中，服务路由可从内容分发网络、负载均衡、远程服务调用框架以及数据库分库分表中间件四个角度进行考虑。

对于内容分发网络而言，服务路由机制通过自定义回源策略，将分片号写入Cookie中，并在内容分发网络回源时根据分片号进行选择，从而将用户流量根据分片号导入不同数据中心，具体机制如图2-16所示。对于负载均衡而言，服务路由的实现方式与内容分发网络类似，其不同之处在于负载均衡模块为数据中心的内部组件，而内容分发网络处于数据中心之外。此外，内网访问不经过内容分发网络，因此还需依靠负载均衡模块实现服务路由机制。对于远程服务调用框架而言，多数据中心在框架内部实现了诸如独占、共享以及竞争性等流量路由策略，进而实现服务路由功能。对于数据库分库分表中间件，路由策略与2.3.3.1提及的数据分片策略一致，可按照该策略对数据进行分表与入库。

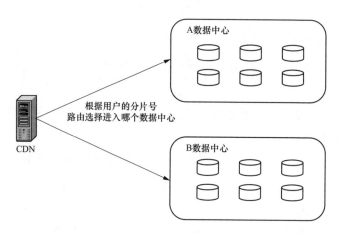

图2-16 通过内容分发网络实现服务路由

2.3.3.3 应用特性

传统数据中心与多数据中心的应用均趋于服务化，具体表现为数据中心无需使用者安装具体软件、配置软件运行环境以及处理软件执行结果。数据中心所提供的功能均被抽象为一系列易用、高效以及按需使用的服务，用户只需提供输入参数即可执行相应服务以实现某项功能，同时在使用完毕后释放服务所占用的资源，并不对后续请求的服务造成干扰。

多数据中心在应用特性上与传统数据中心的不同之处在于，多数据中心需保证应用的无状态性。考虑多数据中心需实现流量在不同数据中心之间的切换，因此系统需将应用状态从所有应用数据中分离出来。数据中心为应用提供了数据库、缓存以及队列等组件保存业务数据，同时也提供了全负载均衡、应用防火墙、统一配置中心、远程服务调用框架以及统一任务调整系统等众多中间件保存应用状态数据。系统可通过上述中间件对应用状态数据进行剥离，这使得应用能够保存中断时的状态信息，并且在不同数据中心之间无缝运行。

2.4　融合多数据中心

多数据中心不应该建设成为多个中心的集合，而应该发挥"1+1>2"的能力，形成数据中心各层资源的高度融合，否则多数据中心建设不会带来使用价值的提升，反而会造成管理的复杂度呈几何级数增长。因此建议多数据中心的融合采用"五横两纵"的建设融合框架（见图2-17），包含业务架构域、平台架构域、数据架构域、基础架构域、基础设施域、安全保障域、运行保障域。

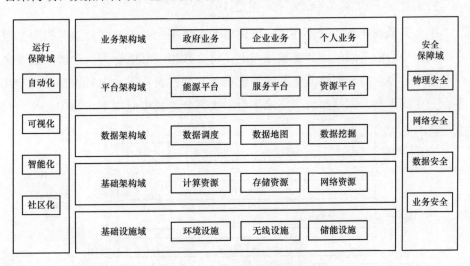

图2-17　"五横两纵"融合架构

2.4.1　业务架构融合（见图2-18）

多数据中心承载的信息化业务方面，利用多站点的数据中心，架构上应该充分考虑业务的层次结构，逐步提高数据中心使用的能效使用情况，即需要集中的业务在核心数据中心内处理，区域特征的业务在区域级中心处理，边缘化业务在边缘的数据中心内处理，形成多级分布式运行环境，改变资源被动不足现状，适应物联环境的运行要求，业务架构的核心就是要结合业务本身的特征进行层次划分。

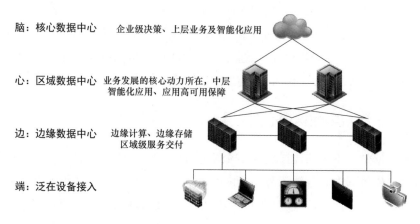

脑：核心数据中心　企业级决策、上层业务及智能化应用

心：区域数据中心　业务发展的核心动力所在，中层智能化应用、应用高可用保障

边：边缘数据中心　边缘计算、边缘存储区域级服务交付

端：泛在设备接入

图 2-18　业务架构融合

2.4.2　平台架构融合（见图 2-19）

平台是承载业务的软件环境，可以分为多级平台，需要按照业务需要部署在多数据中心的不同级别和区域站点上，将多数据中心组合为一个统一的业务承载平台。平台需要根据业务的差异进行差异性部署，平台内容可以分为应用平台、中间平台、网络平台、终端平台四大部分。其中应用平台和中间平台部

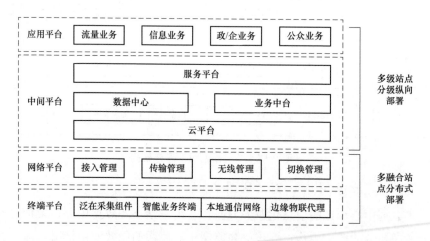

图 2-19　平台架构融合

分需要结合多中心结构进行纵向部署，在多数据中心不同级别之间保持一致性，网络平台和终端平台则需要跟不同的边缘特征进行差异化部署，按照不同边缘节点特征进行融合。

各级平台之间纵向数据融合，每个平台虽然进行多样部署，但数据是以平台为单位进行一致性保障（见图2-20）。

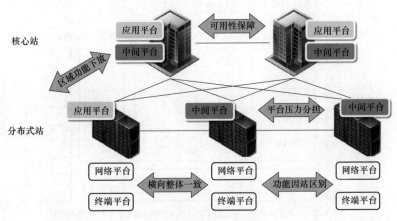

图 2-20　平台一致性保障

2.4.3　数据架构融合（见图 2-21）

多数据中心数据架构融合核心就是打通各中心数据唯一性，既能向上层平台、业务交付支撑能力，也能向下层基础架构和设施设备进行精准控制，主要包括的部分是数据的地图化、调度化、知识化能力融合。

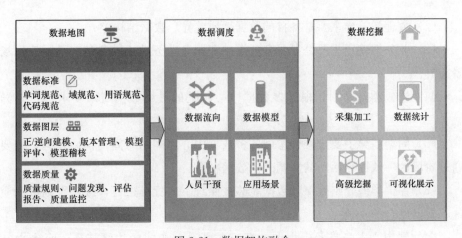

图 2-21　数据架构融合

数据架构融合的最大难点是数据质量的融合，数据质量依赖于最上层的数据需求，也依赖于最下层的原始基础，数据的质量没有同一标准，只有满足业务诉求的数据质量，不存在绝对的数据质量。数据质量的融合治理（见图2-22）主要分为两个方向开展。

（1）自上而下开展，以最终业务呈现的需求为向导，逐层向下获取数据。

（2）自下而上开展，向上逐层提炼数据信息。

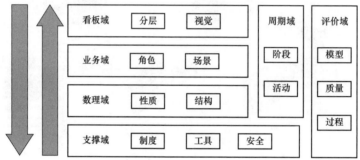

图 2-22　数据质量的融合治理

数据治理过程中，需要重点考虑多个数据中心之间的实际差异，分为支撑、数理、业务、看板、周期、评价。

（1）支撑类差异主要是各自规章制度、使用的数据工具、具体的数据安全要求差异。

（2）数理类差异主要是各自的数据性质差异、数据结构差异。

（3）业务类差异主要是考量多数据中心服务业务的不同角色、不同使用场景差异。

（4）看板类差异则是根据多数据中心所处的最终数据展示要求进行差异融合。

（5）周期差异主要是融合考虑各多数据中心之间的时间周期性差异，需要通过阶段的一致性和活动的协调确保数据融合。

（6）评价类差异则是保障数据能够按照统一的标准进行评级，否则数据质量不具备融合的基础。

多数据中心本身具备中小型特征，尤其是分布式的边缘特征，有庞大且结构各异的数据，因此需要利用多数据中心的结构进行治理融合，数据才有可能经过分级加工后形成一个整体来使用，其核心是边缘类中心进行大量本地的加工清洗，并利用数据备份进行数据可用性能力的保障。数据分级融合见图 2-23。

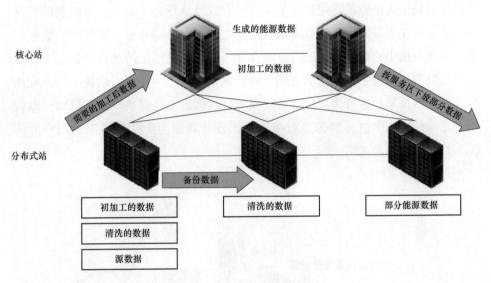

图 2-23 数据分级融合

2.4.4 基础架构融合

基础架构是指信息化中的 IT 设备，主要包括计算设备、存储设备、网络设备，是运行平台软件、存储处理业务数据的物理设备环境，是运行在基础设施环境中的信息化执行设备。在多站融合场景中任何一个数据中心不再只是一个独立的个体，还是众多数据中心集群内的一员，是需要为整个集群的运行稳定提供服务的，因此融合多数据中心在屋里 IT 设备中的融合至关重要，也是最容易进行实现的融合。

计算资源方面，在多分布式结构的数据中心上融合建立一体化云资源环境，实现计算资源在多站点之间的协同调度，保障单站点故障不影响整体运行的效果。计算资源主要用于事务性并发计算和统计类高性能计算，即 OLTP 和 OLAP 两大计算资源应用场景，因为计算资源的用途存在这种差异，所以很难在一个数据中心内完全满足所有的计算需求。首先，事务性计算需求是存在时间分布的，计算的压力来自使用人群的使用特征，例如工作时间压力集中、非工作时间压力不集中，因此计算压力是无法进行绝对确认，常用办法是使用本地计算资源进行最大压力储备防止不确定性，如此操作必然带来一个资源大面积浪费的情况，在多数据中心中任何一个结点都存在资源浪费，则集群造成的资源浪费是绝对不容忽视的，如此就必须融合多数据中心之间的并发计算能力，可以利用集群资源满足某几个站点的并发计算压力。其次，分析类的高性能计算需求主要是发生在大数据量所在地，进行复杂运算就一定伴随着数据的集中，多数据中心数据可以进行分级存储，因此与之匹配的统计分析也应该进行分级处理，即每一个站点只处理本地数据，通过上一级节点的统一管理利用分布式大数据架构进行多级计算，既保障计算能力不足时协同，也可以保障资源分布均衡，减少过多资源进行集中而出现计算能力无法贴近末端用户的情况。计算资源融合见图 2-24。

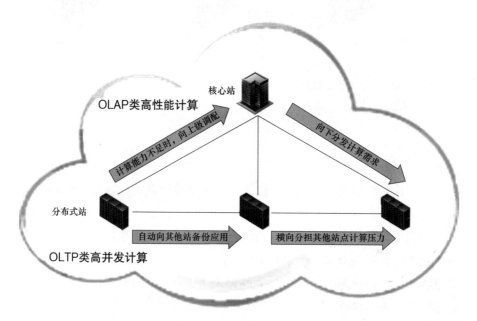

图 2-24　计算资源融合

存储资源融合（见图 2-25），建立分级分布式存储结构，将结构化、非结构化分离，将热数据、温数据、冷数据分类，适应未知数据量级的存储，具备极强的横向扩展能力。数据中心内存储的数据主要提供给业务应用使用，但是数据的使用频率是存在较大差异的，常用做法是将数据划分为热数据和冷数据，将热数据存储在高性能设备上，冷数据存储在低性能设备上，进而达到资产效能的最高。在数据存储融合场景中，一个数据中心存储的数据是具备条件在集群中也存储在其他中心内的，是一种灾备概念的应用，保障多站融合在使用时出现数据存储问题而不影响本站点的业务执行，可以从其他站点恢复数据。因此，多站融合数据存储可以考虑将热数据集中存储在核心的站点中，利用高性能存储设备进行性能保障，将冷数据存储就近存储在边缘端，并且利用多数据中心之间的冗余关系进行集群保障，避免一个数据中心的存储问题造成的整体数据存储异常。

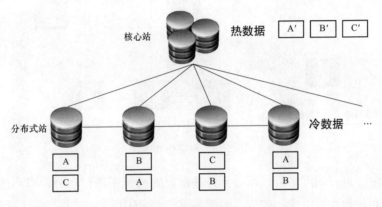

图 2-25　存储资源融合

网络资源融合（见图 2-26），利用多数据中心构建冗余健壮的物理承载网络，并在承载网络上部署叠加网络，利用低层网络 ECMP（Equal Cost Multi-Path，等价多路径路由）的特性实现网络访问的连续性。网络的融合是多数据中心稳定运行的基础，建立物理承载网络和控制平面，才能保障多数据中心之间物理链路稳定又易于控制。首先，多数据中心之间物理连通，才能保障计算、存储能力的连通；其次，控制上实现数据平面的互通，才能进行多中心之间的数据可控调度，发挥其他的融合能力；最后，单站点终端纵向通信时，向其他站点封包数据，进而实现网络通信的协同冗余保障。

2.4.5　基础设施融合

数据中心的基础设施是每一个中心站点各自独有的资源，包括数据中心的配电系统、综合布线系统、冷却系统和消防系统，逻辑上理解这些基础设施都是绝对的物理属性，都是各数据中心绝对独有的运行环境，不存在多数据中心的融合概念。其实，在融合多数据中心时，并不是要像基础架构中 IT 设备一

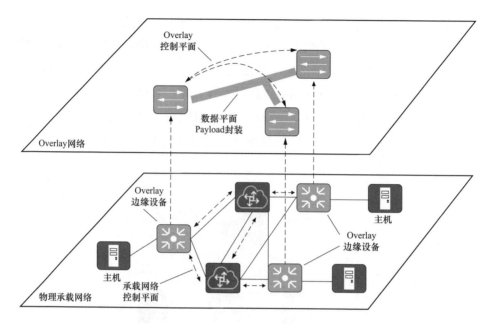

图 2-26　网络资源融合

样跨多中心进行调度融合，而是要将基础设施的使用进行融合，即不能将一个数据中心只作为一个中心使用，是要将多个数据中心作为一个整体进行统筹，例如不同的数据中心基础设施条件也是存在极大差异的，有的数据中心配电能力强、有的数据中心网络接口多、有的数据中心楼宇称重条件好等，不同基础环境条件决定了其最适合的用途，而不能将多个数据中心平均看待，如此使用多数据中心必然造成基础设施无法发挥最高的资产价值。因此，数据中心的基础设施融合主要是指使用层面的统筹融合，如下。

（1）功能区域融合，不同数据中心建设年代存在差异，从年限稳定性角度考虑，比较新的基础设施环境更适合用来做生产环境，而相对基础设施年代较长的环境更适合做备份或测试、实验等环境。

（2）承载能力融合，由于称重、配电等环境限制，计算能力需求高的用途融合集中在配电容量充足、楼宇结构良好的基础设施环境中，能保障较高密度的运行能力以及整体 PUE 控制，让最合适的基础设施环境运行最合适的能力。

（3）分布区域融合，不同的数据中心都有就近服务的义务，结合业务架构中的功能用途，可以将数据中心所服务的物理区域范围进行界定，确保不同的数据中心能够满足一个平面覆盖全貌的融合环境，充分发挥网络优势。

2.4.6　运行保障融合

多数据中心的运行保障难度，会随着数据中心站点的增加而呈现难度激增的现象，增加的运行维护压力，主要表现为无人值守压力、故障自愈复杂、快速排查确实等多方面。运维人员的保障力量比较集中是最主要的运维协同压力所在，因此在多数据中心的运行保障融合（见图2-27）中，要重点突出社区化运营的理念，将感知能力、分析能力、控制能力、知识能力四个主要能力融合。

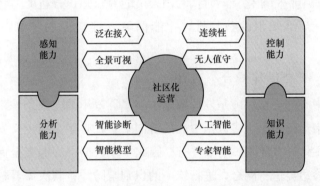

图 2-27　运行保障融合

多数据中心的社区化运营的保障模式，主要是指将所有的运维保障能力按照多数据中心的分布进行区域化配置，人力资源不需要全部配置现场保障，而是按照不同的中心保障需求形成不同的能力社区，重点保障就近服务，一般保障协同服务。

（1）感知能力融合。实现对多数据中心的运行状态感知是运行保障协同的基础，不同的数据中心无论是否有运维人员进行运行保障，都需要进行运行数据记录，无论是在正常运行还是异常运行，感知的对象包括数据中心的所有资产集，需要构建全量泛在的运行数据接入能力，将配置信息、状态信息、日志信息进行归集，并按照一定的多数据中心结构进行全景可视化再现，既可以重点维护本社区对象，也可以协同维护其他社区资产。

（2）分析能力融合。分析能力的融合是指将所有多数据中心的数据分析算法、方法进行融合，在一个站点发现的问题可以用来诊断其他的中心，通过人工智能自动将其他站点的运行数据作为训练集进行自我学习，提炼诊断依据和固化的分析模型，通过人工智能技术进行大规模数据分析，从中掌握全量数据的运行风险和隐患。

（3）控制能力融合。对多数据中心的控制主要是指在无人值守情况下的资源控制保障，通过不同站点的连续性保障措施固化为可执行程序，优先实现运行的业务连续性。控制能力的融合并不是控制权限的融合，而是在保障连续性时可以批量自动化地触发控制。

（4）知识能力融合。运维保障中积累的运维知识既具备通用性，又具备独特性，多数据中心本身作为融合的整体，通用性是具备天然执行条件的，需要较大的多数据中心标准化。同时，利用人员的专家知识分析能力将运维知识进行提炼，平衡运维知识的独特性，才能保障运维知识在多中心之间的协同联系。

2.4.7　安全保障融合（见图 2-28）

多数据中心的安全保障是发挥数据中心集群效用的先决条件，不安全的信息使用会带来运行隐患。多数据中心的协同安全，必然重新定义安全边界，需按照安全"主体""客体"模型进行。因此，多数据中心的安全保障融合，首先就是将风险边界进行融合，进行统一的识别与防护；其次需要融合安全的保障过程，实现多数据中心的安全防护措施统一并无死角。

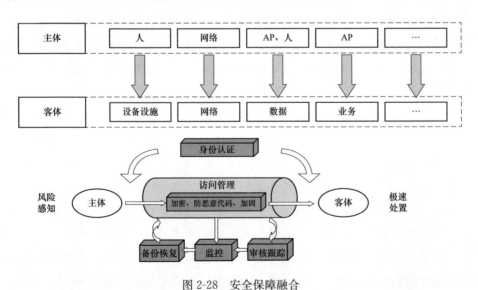

图 2-28　安全保障融合

（1）安全边界融合。面对多数据中心的使用场景，安全边界需要继续遵循"主体""客体"模型继续规范，"主体"是风险的源头，"客体"是保护的对象，需要结合不同的多数据中心环境，将源头和保护对象进行融合统一，才能指定具备多中心之间统一执行的防护措施。

（2）保障过程融合。只有多数据中心之间的安全标准一致性，才能将多中心之间的协同使用视为一个整体。保障过程分为：①融合身份认证；②融合访问方法；③统合处置措施。

2.5 标准化需求

多数据中心的融合使用，必须遵循必要的标准，这里所说的标准不是国标等通用标准，而是需要多个数据中心在使用其资源时的基础资源布局规范，最终使用目标是规范基础资源在数据中心环境中的资源分类水平，提升资源利用率，发挥最高资产效能。

确定多数据中心的资源使用标准，其目标是：①降低投资成本，减少浪费、控制投资规模；②提升社会效应，系统运行更稳定、系统反应更快速、部署更快捷。进而达到资源布局知晓需求规划方法，明确功能差异，提升运维能力，知晓归类方法、明确布局规则。最终达到资源聚合目标、快速协同交付使用，达到可从超市化资源中快速满足分配需求的效果，也是高效利用资源，是多数据中心之间的资源精准匹配业务需求。

2.5.1 标准思路

多数据中心整体基础资源布局应以科学发展为主题，以加快转变发展方式为主线，以提升可持续发展能力为目标，以市场为导向，以节约资源和保障安全为着力点，遵循业务发展规律，发挥区域比较优势，引导市场应用主体合理选址、长远规划、按需设计、按标建设、逐渐形成技术先进、结构合理、协调发展的数据中心新格局。

首先，充分考虑多数据中心的未来应用定位，进行整体基础资源的布局思考，包括各数据中心功能定位布局、业务应用的分类布局、基础架构资源的布局等。其次，对功能定位明确的数据中心，尤其是新数据中心的应用进行划分，明确保障所承载业务的差异。再次，对整个布局和架构的严谨路线进行布局，区分好功能性资源差异，更好地指导中长期数据中心资源建设方向。最后，由应用布局决定基础架构布局，由基础架构布局决定基础设施布局。

根据不同应用系统部署要求，制定与之匹配的计算资源、存储资源、网络资源、基础设施资源及监控资源，匹配信息系统的差异部署要求，不但提高各区域的资源扩展性，还降低同类区域检修集中度，便于深度运维。具体采用标签的模式对不同需求建立分布标签，进而通过标签的组合联系形成具体的多数据中心使用标准，具体的标准则是在规范标签的指导下针对不同的实际多中心条件进行的具体指定，这种标准是不具备全面通用性的。

（1）应用系统布局规范。根据需要部署应用系统现状及要求进行多维度分析归纳，形成系统标签，并制定每类标签的资源规范。

（2）计算资源布局规范。依据通用资源制定资源分类，与应用需求对应查缺补漏形成计算资源库，标签化计算资源库，并制定每个标签资源的分配标准。

（3）存储资源布局规范。依据现有存储资源制定资源分类，基于需求增加集群分类（包括采购、扩改建等）形成存储资源标签套餐，并制定相应使用规则（如最小数据分配容量）。

（4）网络资源布局规范：依据数据连通和数据流量需求，进行数据分网制定标签，利用标签形成应用、架构资源的分网标准，最终成为不同设备的入网端口规范和分网、交互策略。

（5）基础设施资源布局规范：依据应用及资源要求进行差异性划分归纳，结合配电、暖通等客观因素形成基础资源布局标签套餐（套餐内容包括机房用途、基本资源环境、架构资源、最大集群数等）。

（6）监控指标布局规范。依据监控要求结合业界领先经验形成矩阵型监控标签库。横向坐标内容标签包括单向资源核心监控内容、阈值特点等；纵向坐标内容标签包括应用、资源及基础设施关联。

2.5.2 业务应用布局标准

2.5.2.1 系统标签设定

（1）应用系统布局的标签划分依据。应用系统的划分存在多个维度，由于主要目的是指导底层基础资源的使用，所以不优先考虑应用系统的业务对象，而是有限考虑资源需求可能存在的差异，或者说资源部署可能带来的应用差异。

（2）主要的多个维度区分差异。

1）系统的规模，属于使用范畴，主要从过应用系统的使用人群数量进行区分，目标是判断所需资源的集群规模。

2）系统的类别，属于技术范畴，主要分为业务性类别差异、事务性类别差异、架构性差异。

3）系统的其他特征，如内外网差异、等级保护级别差异等。

1. 系统规模维度

规模属性如下：

（1）标签1，大型应用。此类应用的用户群体是庞大的，目标是服务于公司范围的组中使用用户，属于服务于社会的信息系统，例如营销、App等应用系统，其特征是最终用户群体庞大、在线用户数量较高、并发特征明显。

此类应用的资源使用特性是集群庞大，从安全、运维角度考虑，具备独立部署的特征，保留足够扩展空间，比较适合在本应用范围内进行资源整合，考虑应用本身资源的高可用。

（2）标签2，中型应用。此类应用的用户群体是特定的人群范围，比如公司的某些管理系统，或者针对特定用户群体的应用，其特征是用户群体并不是特别庞大，但是具备了独立业务的条件，表明是比较重要的群里或有明显特征性质的业务，此类应用不一定高并发，但是业务会比较有特征。

此类应用的资源使用事宜相对集群化处理，公用集中式数据库、公用基础资源，是重点的多系统整合对象，由于业务的特性可能存在非常规资源使用情况，考虑集群的高可用性。

（3）标签3，小型应用。此类应用的规模比较小，用户群体更为集中，这类应用的扩展性诉求并不会特别多，因此资源特征相对标准，事宜在虚拟机、容器等云化环境中进行集中部署，考量使用架构技术统一进行高可用保障。

（4）标签4，微型应用。此类应用属于微应用范围，不但业务流程简单，使用对象固定，资源开销也是微乎其微，此类应用一般是上述应用的周边生态支持，或者是衍生于特定业务流程的，此类应用完全具备与强关联系统协同运行，其数据库和应用节点全部具备云化条件。

2. 系统类别维度

（1）业务属性。

1）标签5，核心系统。此类系统是公司的重要信息系统，是对公司形象、日常工作运行有重要影响的系统，此类系统的保障资源开销是最有限保障的，尤其是业务的连续性和可用性，其资源使用的特征是保障类资源储备要充足，尤其是检修窗口短，切换运行状态时，有较高的空闲特征。

2）标签6，非核心系统。此类系统不是重要的信息系统，其特征是检修窗口一般较长，此类系统在保障资源中不应该特别关注，采用集群等技术架构或者共享保障即可，此类应用不应该允许高空闲资源的存在。

（2）事务属性。

1）标签7，交易型。此类应用的最大特征是业务是并发处理的，每一次的业务量并不会很高，需要通过集群效应进行并发处理，因此资源消费主要是节点够多，但不需要节点本身性能太高，实效性要求高。

2）标签8，分析型。此类应用特征是大事务或大数据类型的统计，使用人群可能不多，但是每一个业务的操作时长会很长，此类资源开销呈现明显的特征是单节点资源配置充足，但并不需要特别多的节点，多使用物理设备。

（3）架构属性。

1）标签9，稳态架构。此类型应用主要是针对存量信息系统而言，此类系统主要是保持安全稳定运行的前提下，逐步通过降低配置、虚拟化等方式进行资源归集，主要用于系统改造资源。

2）标签10，敏态架构。此类应用是新建信息系统的主要架构，云化、微应用化是基本的建设方向，其资源特征是分布式部署环境，可以统一归集在云环境中考虑。

3）标签11，专业架构。此类主要是指平台类应用系统，是支撑上层应用的辅助平台，或者某些比较特殊架构的应用系统。

平台类的应用系统包括云架构、大数据架构、物联网架构、移动架构和智能架构。

a. 云架构事宜采用与云本身最优匹配的基础资源，分布式性能匹配的定制化设备。

b. 大数据架构事宜根据数据对象的不同配置计算节点，内存型的高配节点内存，存储型的高配磁盘。

c. 物联网架构主要是占用边缘计算资源较高，此类边缘计算资源比较定制化。

d. 移动架构主要开销是移动代理设备，属于三方通信类资源开销特征。

e. 智能架构主要是对 AI 的支持，此类资源也属于明显的定制化特征。

未知特殊架构的信息系统，例如使用特定一体机、异性设备等特征的应用，此类应用需要独立考虑。

3. 其他类别维度

（1）网络属性。

1）标签12，内网。主要是标准信息系统归属于内部网络环境部署，不需要通过隔离装置等网络穿透设备，用于标注资源位置。

2）标签13，外网。主要是标注信息系统的部署位置，主要在外网络环境，需要进行对外服务或三方通信的空间。

（2）等保属性。

1）标签14，二级等保。信息管理大区只要不归属在三级等保定级的信息系统，都按照二级等保要求处理，这是网络分区和物理分区的重要标签。

2）标签15，三级等保。信息管理大区评定为三级等保的信息系统，都按照三级等保要求处理，这是网络分区和物理分区的重要标签。

2.5.2.2 实施措施

1. 矩阵法

（1）物理区域。使用标签12～15确定物理部署区域，如图2-29所示。

（2）规模集群。使用标签1～6对应所属的集群划分特征，如图2-30所示。

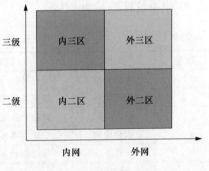

图2-29　使用标签物理部署区域

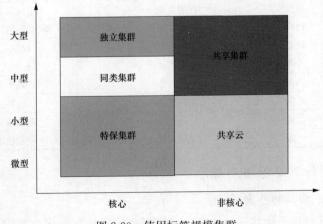

图2-30　使用标签规模集群

（3）资源配置。使用标签7～11对应资源配置特征，如图2-31所示。

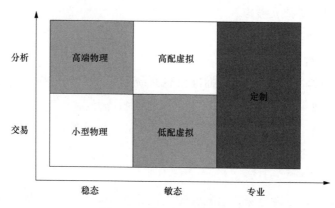

图 2-31　使用标签资源配置

2. 规范汇总

应用系统标签见表2-1。

表 2-1　　　　　　　　　　　**应 用 系 统 标 签**

标签	名称	判断依据	相应资源特征
1	大型应用	服务社会用户、规模庞大	具备独立集群条件
2	中型应用	特定群体用户、规模一般	具备共享集群条件
3	小型应用	特定业务用户、用户较少	集中部署为主
4	微型应用	轻量事务、用户极少	借用资源为主
5	核心	社会和办公影响极大	保障资源居多
6	非核心	核心以外	共享保障资源
7	交易	并发要求	小节点多节点
8	分析	性能要求	大节点少节点
9	稳态	存量应用	降配迁移物理化
10	敏态	新建应用	虚拟化
11	专业	特定属性架构	资源配置无常规
12	内网	对外服务	隔离
13	外网	对内服务	隔离
14	二级	三级以外	物理独立
15	三级	等保定级	物理独立

2.5.3　计算资源布局标准

2.5.3.1　资源标签设定

（1）计算布局的标签划分依据。计算资源的划分存在多个维度，其用途是承载上层应用的，所以核心依据是应用的差异划分，具体计算资源由于设备和配置的差异，在细分如何部署。

（2）主要的多个维度区分差异。

1）设备类别，属于设备本身的类别差异，资源布局时同类型设备应该相对集中便于管理和提升空间密度。

2）性能类别，属于配置差异，主要是服务的应用对象存在不同。

3）交付类别，数据整体建设交付单元的差异，或为物理交付单元、或为虚拟交付单元、或为云交付单元、或为特殊设备单元。

1. 资源设备类别

（1）物理属性。

1）标签 1，小型机。主要是指各种高、中、低端小型机设备，此类设备常见于核心稳态信息系统的部署，主要是重要数据库设备，其稳定性是最突出的。

2）标签 2，X86。当前主流的 PC 服务器类设备，也包括刀片服务器等，但现在主要是指 2 路 PC 服务器、4 路 PC 服务器、8 路 PC 服务器，是核心部署设备，除了虚拟化、云化宿主外，最常见的是作为数据库使用。

3）标签 3，分布式。依然是 PC 服务器，但此类配置与分布式所使用技术密切相关，其设备配置特殊性较强，具备独立归类的条件。

（2）虚拟属性。

1）标签 4，虚拟机。最常见的资源池化技术，此类资源主要应用在配置较低的计算资源节点上，同时对高弹性计算需求不明显的应用中，规模集群特性不明显的，属于提升物理设备利用率的范畴。

2）标签 5，云主机。主要是云平台的虚拟设备，包括容器资源，此类资源最主要应用于大集群的规模效应使用，此类设备节点资源也不宜过高配置。

2. 资源性能类别

（1）CPU 属性。

1）标签 6，高计算。主要是应用于对 CPU 计算有明确要求的系统，此类系统需要大量的 CPU 计算，例如大数据量统计，大规模数据查询和调度，频繁小进程逻辑运算等。

2）标签 7，低计算。主要是应用于常态进程处理的应用，此类应用的绝对负载要求不高，只需要保障业务应用进程的常态资源开销。

（2）内存属性。

1）标签8，高驻留。主要是应用于需要大数据量内存占用的应用，此类型内存开销要么是宿主机使用，要么是非必需条件下的应用占用，逻辑上不鼓励用内存解决计算性能问题，这只会增加高成本资源投入。

2）标签9，低驻留。主要是指业务应用运行中对内存开销较少的应用，常见于应用进程本身的资源开销，不会随着业务量变化而发生大规模浮动的应用。

（3）磁盘属性。

1）标签10，高空间。主要是指需要较大本地磁盘存储空间的应用，这里所说磁盘空间不是指共享后的存储空间，可以使用共享存储的高空间需求时可以按需调配的，物理本地磁盘的高空间主要是用来解决本地I/O交换性能的。

2）标签11，低空间。对本地物理磁盘需求较少，或没有空间诉求的应用，此类资源使用的应用I/O性能需求不明显。

3.资源交付类别

交付属性如下：

（1）标签12，物理交付单元。以机柜为单位的整体交付单元，对于大集群资源，整体按照单机柜容量整体交付物理设备。

（2）标签13，虚拟交付单元。以虚拟化集群为单位的整体交付单元，一次性扩容一定量标准配置的虚拟机待分配。

（3）标签14，云交付单元。以云资源内集群为单位的整体交付单元，此一行交付一个集群的容量比例，不按照应用需求预备。

（4）标签15，特殊交付单元。以设备本身为一个交付单元，此类特殊设备包括一体机、大型机等异形设备，不属于大众诉求，需要控制规模。

2.5.3.2　实现措施

1.矩阵法

（1）资源集群。标签1～11确认集群，如图2-32所示。

（2）资源交付。标签12～15确认所属交付方式。

2.规范汇总

计算资源标签见表2-2。

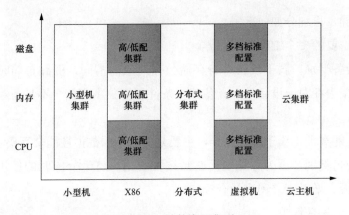

图 2-32 计算资源集群

表 2-2   计 算 资 源 标 签

标签	名称	判断依据	相应资源特征
1	小型机	高中低端小型机	高稳定性
2	PC 服务器	2、4、8 路 PC 服务器	常态物理数据库和非虚拟计算
3	分布式	分布式匹配的 X86	分布式特有
4	虚拟机	资源池的虚拟机	低配置无弹性压力或大集群
5	云主机	云计算提供的计算单元	大规模集群
6	高计算	高 CPU 计算压力	常态 CPU 数据处理
7	低计算	低 CPU 计算压力	低进程占用
8	高驻留	高内存驻留与波动要求	高数据性能处理
9	低驻留	低内存占用	低进程占用
10	高空间	高本地磁盘空间或特殊 I/O 要求	高 I/O 处置
11	低空间	低本地磁盘空间	低 I/O 诉求
12	物理交付	以机柜为一个单元	物理交付预置、容量管理
13	虚拟交付	以集群为一个单元	虚拟交付预置、容量管理
14	云交付	以云内集群为一个单元	云交付预置、容量管理
15	特殊交付	以设备本身为一个单元	特殊交付预置、容量管理

2.5.4 存储资源布局标准

2.5.4.1 资源标签设定

（1）存储布局的标签划分依据。存储资源的划分存在多个维度，其用途是承载上层应用的数据存储，所以核心依据是应用的数据差异，具体语句存储资源设备差异，再细分如何部署。

（2）主要的多个维度区分差异。

1）设备类别，属于设备本身存储数据对象的不同，资源布局时同类型数据应尽量集中在对应设备上，具备独立条件的要独享存储，不具备条件的共享存储资源。

2）性能类别，属于配置差异，主要是针对不同数据性能交互要求而言。

3）交付类别，因为存储空间是持续性占用，属于分配时的使用差异，分为存量资源、增量资源和容量资源。

1. 资源设备类别

（1）类型属性。

1）标签1，结构化数据。用于存储结构化数据的存储资源，是最常见的数据类型，多见于数据库的存储需求。

2）标签2，非结构化数据。用于存储非结构化数据的存储资源，是常见的日志等文件类存储空间，多见琐碎文件类应用。

（2）技术属性。

1）标签3，集中式存储。主要是指集中式SAN存储架构的存储资源，存储设备资源供给多个应用共享使用。

2）标签4，分布式存储。主要是应用分布式架构的存储资源，常见于PC服务器构建的存储空间，用途类同集中式存储，使用层差异较弱，主要是底层设备差异，为了维护目标应该区别部署。

3）标签5，备份存储。主要是指系统和数据的备份资源，包括快速备份设备、一般性备份设备和归档备份设备，属于系统保障性资源，不是系统运行的核心资源。

2. 资源性能类别

性能属性如下：

（1）标签6，热数据。主要是指承载信息系统运行和主业务交易数据，是最需要高性能的存储资源，常见于高端、中端存储设备，存储频繁被使用的数据，I/O性能要求高。

（2）标签7，温数据。主要是指不经常被使用的数据，包括快速备份设备资源，或是查询库的设备，主要是热数据经过一段时间后积累的数据，I/O性能要求中档。

（3）标签8，冷数据。主要是指很少被使用到的数据，对I/O性能要求最低，例如一般性能备份设备和蓝光存储设备，主要承载归档库数据。

3.资源交付类别

交付属性如下：

（1）标签9，存量。主要是指系统部署时的初始数据占用空间，是基础数据的空间容量，也是指已有系统的已有数据占用空间，对数据迁移优化有较大价值，是交付最优直接依据的真实已有空间大小。

（2）标签10，增量。主要是指系统数据量随着时间增长的容量，可以表示为日增长、周增长、月增长等，需要根据信息系统的画像周期进行确定，这是交付中需要被重点讨论的容量信息，直接决定了部署时预留时长。

2.5.4.2　实现措施

1.矩阵法

（1）存储资源集群，如图2-33所示。

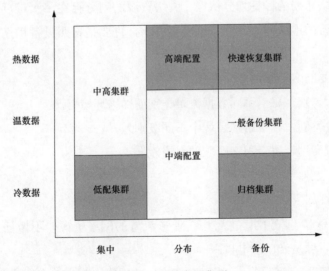

图2-33　存储资源集群

（2）资源交付。主要是利用上文所述标签1、2、9、10的内容为判定基础来确认资源交付时所需分配的存储容量。

2.存储规范汇总

存储资源标签见表2-3。

表 2-3　　　　　　　　存 储 资 源 标 签

标签	名称	判断依据	相应资源特征
1	结构化	数据库用途	数据结构规整
2	非结构化	文件日志类用户	数据结构不确定
3	集中式存储	SAN 等存储设备	集中设备
4	分布式存储	X86 设备集群	分布设备
5	备份存储	备份类设备	快速备份、一般备份、冷备份
6	热数据	核心常用业务数据	核心业务表
7	温数据	不常用积累或备份数据	查询数据表
8	冷数据	归档数据	备份数据
9	存量	已有大小	占用并保存预留容量
10	增量	单位增长量	容量管理指标

2.5.5　网络资源布局标准

2.5.5.1　资源标签设定

（1）网络布局的标签划分依据。网络资源的划分存在多个维度，其用途是保障不同设备的连通能力，并符合安全诉求，主要是按照设备用途进行网络资源划分。

（2）主要的多个维度区分差异。

1）用途类别，属于不同数据流量类别的网络环境资源。

2）层级类别，属于组网环境中不同级别差异。

3）交付类别，属于网络区域的部署差异。

1. 用途类别

用途属性如下：

（1）标签 1，业务网。主要用于业务流量的网络资源，不做任何备份和管理功能使用，可是光口或电口。

（2）标签 2，存储网。只用于存储连接的网络，为光口资源为主。

（3）标签 3，备份网。只用于备份系统和备份数据的网络，不影响存储和业务流量，配置依据备份环境选择。

（4）标签 4，管理网。只用作监控、检修等维护工作的端口，一般为电口，不进行大数据交互。

(5) 标签 5，带外网。用于应急场景的带外控制网络。

2. 层次类别

层次属性如下：

(1) 标签 6，核心设备。主要是数据中心的核心层设备，属于互联级别的高性能设备资源。

(2) 标签 7，汇聚设备。主要是根据等保、业务等差异进行汇聚的设备。

(3) 标签 8，接入设备。主要满足底层设备接入的设备。

(4) 标签 9，安全设备。主要用于不同安全要求的防护和策略设备。

3. 交付类别

区域属性如下：

(1) 标签 10，内网。属于内网服务的网络环境。

(2) 标签 11，外网。属于对外服务的网络环境。

(3) 标签 12，三方。属于三方连接的网络环境，包括各种有线、无线环境的接入。

2.5.5.2 实现措施

1. 矩阵法

(1) 资源集群，如图 2-34 所示。

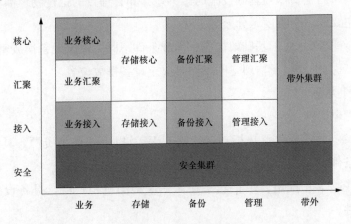

图 2-34 网络资源集群

(2) 资源交付。根据标签 10～12 按照不同区域进行部署。

2. 规范汇总

网络资源标签见表 2-4。

表 2-4 网 络 资 源 标 签

标签	名称	判断依据	相应资源特征
1	业务网	流量差异	只运行业务流量
2	存储网	流量差异	只运行存储流量
3	备份网	流量差异	只运行备份流量
4	管理网	流量差异	只运行管理流量
5	带外网	流量差异	只运行带外流量
6	核心	组网层级	高性能组网
7	汇聚	组网层级	汇聚分网
8	接入	组网层级	接入低端
9	安全	设备用途	各种安全设备
10	内网	服务对象	对内服务
11	外网	服务对象	对外服务
12	三方	服务对象	三方互联

2.5.6 基础设施布局标准

2.5.6.1 资源标签设定

（1）基础设施布局的标签划分依据。基础设施是承载基础架构的设备资源，因此其布局主要依赖基础设施的集群差异和管理目的记性物理部署。

（2）主要的多个维度区分差异。

1）条件类别，属于基础架构设备承载条件不同，决定设备摆放密度。

2）分区类别，属于物理空间不同，决定设备摆放位置。

1. 条件类别

（1）配电属性。

1）标签1，高配电。单柜功率达到 6kW 及以上的机柜资源，具备单柜高密服务器条件。

2）标签2，中配电。单柜功率在 4~6kW 的机柜资源，具备设备不隔U多摆放条件。

3）标签3，低配电。单柜功率在 4kW 及以下的机柜资源，部署低密度传统设备。

（2）制冷属性。

1）标签4，房间级。容易形成局域热点，能源消费较高，设备摆放不宜集中。

2）标签 5，行级。具备精准控制能力，设备摆放可按照模块进行集中。

3）标签 6，设备级。具备极强的制冷条件，具备超级计算条件。

（3）接入属性。

1）标签 7，列头。接入设备资源相对较少，需要配线架多级跳转。

2）标签 8，置顶。接入设备直接进机柜，具备高密度多设备部署条件。

（4）承重属性。

1）标签 9，低承重。一般机房承重条件，根据散力架条件决定单柜重量。

2）标签 10，高承重。达到规范约定的电池区域承重级别，可以部署超密度设备。

2. 区分类别

（1）用途属性。

1）标签 11，存储区。存储设备的集中摆放区域。

2）标签 12，网络区。网络设备集中摆放区域。

3）标签 13，计算区。计算设备集中摆放区域。

4）标签 14，异形区。异形设备集中摆放区域。

5）标签 15，其他区。其他用途的区域，或为混合使用，如云环境，或为独立的应用区域。

（2）集群属性。为计算、存储、网络等集群划分的归集，按照一定逻辑关系归集，例如分出内外网、不同网内分不同等级保护、不同等级保护再分重要系统独立小集群，小集群内再分不同的设备集中区，不同的集中区再将性能差异归类等。

2.5.6.2　实现措施

1. 层级法

（1）顶层，根据应用确定逻辑区域的不同。

（2）中层，根据应用差异决定基础架构资源的集群规模。

（3）底层，根据基础设施的条件，计算不同区域的摆放密度。

（4）考虑容量管理要求，最终确定不同区域、不同集群的设备空间容量。

2. 规范汇总

基础设施标签见表 2-5。

表 2-5　　　　　　　　　　基 础 设 施 标 签

标签	名称	判断依据	相应资源特征
1	高配电	8kW 及以上	高密度部署
2	中配电	4～8kW	中密度部署
3	低配电	4kW 及以下	低密度部署
4	房间级	房间级空调	低密度部署
5	行级	行级送风	高密度部署
6	设备级	背板或液冷	高密度部署
7	列头	列头综合布线	低密度部署
8	置顶	置顶综合布线	高密度部署
9	低承重	标准承重条件	低密度部署
10	高承重	电池间同级别	高密度部署
11	存储区	设备集中区	存储用途设备
12	网络区	设备集中区	网络、安全设备用途
13	计算区	设备集中区	计算、安全设备用途
14	异形区	设备集中区	异型设备
15	其他区	特殊融合区	按需独立的集群区域

2.5.7　监控环境布局标准

2.5.7.1　资源标签设定

（1）监控资源的标签划分依据。监控资源主要是对数据中心资源的全量监控，反映的是数据中心运行状态的全貌。

（2）主要的多个维度区分差异。

1）层级类别，监控的纵向覆盖资源。

2）数据类别，监控的横向监控资源。

1. 层级类别

层级属性如下：

（1）标签1，业务层。能够监控业务流程的监控工具，如对业务处理效率，用户交易量等监控。

（2）标签2，事务层。能够监控服务进程等监控工具，如 weblogic、线程状态的工具。

（3）标签3，逻辑层。能够监控逻辑组网结构所有节点及连通性运行状态的工具。

（4）标签4，物理层。能够监控物理设备的监控工具，包括所有基础架构设备。

（5）标签5，基础层。能够监控基础设施运行环境的状态，可判断基础架构设备有运行条件。

2. 数据类别

数据属性如下：

（1）标签6，状态数据。所有被监控IT资产的运行状态指标，如CPU、内存、I/O等多维指标。

（2）标签7，日志数据。能够获取所有监控对象的运行日志的工具，包括操作日志、审计日志等。

（3）标签8，配置数据。能够监控所有IT资产软硬件配置信息的工具。

2.5.7.2 实现措施

1. 覆盖法

任何一个信息系统的部署，都应该覆盖标签范围的监控能力。

2. 规范汇总

监控资源标签见表2-6。

表2-6　　　　　　　　　　监 控 资 源 标 签

标签	名称	判断依据	相应资源特征
1	业务层	业务状态	工具
2	事务层	承载业务的服务状态	工具
3	逻辑层	逻辑拓扑节点及联通	工具
4	物理层	物理设备	工具
5	基础层	基础环境	工具
6	状态	运行指标	工具
7	日志	运行日志	工具
8	配置	资产配置	工具

3 多数据中心场景

3.1 资源协同场景

3.1.1 资源协同在边缘计算场景下的应用

物联网的快速发展推动了边缘计算的出现。边缘计算是指计算和存储资源均放置在互联网的边缘，靠近移动设备、传感器和最终用户的计算模式。边缘计算可利用边缘设备的计算、通信资源满足人们对服务的实时响应、隐私与安全以及计算自主性等需求。一方面，边缘计算的出现表示云计算、数据中心概念体系相对应的另一种计算模式得以出现；另一方面，边缘计算与云计算并不互斥，两者可以实现有机融合，从而为用户提供更好的体验。从上述两方面看，边缘计算的出现都是为了更加充分、高效地协同计算、存储和网络等资源，进而形成一个高性能、安全可靠的计算系统。

（1）边缘计算系统组成。

1）核心层由数据中心和云平台组成。

2）边缘层由台式 PC、无线基站等具有一定计算能力的设备组成。

3）基础设备层由各类传感器和具有联网功能但计算能力受限的设备组成。

（2）边缘计算主要特点。

1）具有广泛的连通性，边缘互连互通后可与中心进行协同。

2）边缘能力逐渐增强，能够在本地执行部分智能决策。

3）边缘信息由用户完全掌控，有效为信息隐私提供了安全保障。

4）边缘具有控制融合的特点，资源协同与控制需要边缘节点与云端服务互相协同。

5）边缘实现用户与服务统一，服务的请求与响应由边缘资源进行协同处理。

在资源管理与协同方面，目前边缘计算领域研究的核心问题为资源优化调度。通过资源的科学管理、合理调度与分配，边缘计算可发挥出云、边缘服务器以及终端的节点优势，从而提高资源利用率与服务收益，更好地满足用户体验。当前的研究内容主要集中在单个指标的优化调度，例如能耗、延时等。随着基于信任的边缘计算模型的发展，资源和用户的身份、行为和服务能力可得到定量评价，这为高效安全地实现资源共享调度以及整个系统优化提供了基本指标体系，因此包含多种资源形式组合的资源管理与协同优化方案得以提出。

为了实现边缘计算场景下的资源协同，首先，应确定当前应用场景与服务类型，应用场景和服务类型的组合方式决定了计算模式与资源共享方式。例如，当请求的服务为计算密集型时，系统应将任务提交至云计算中心运行，从而提升用户使用体验。其次，应建立轻量级的资源信任状态维护和资源拓扑构建机制，为资源调度和协同提供支持。而后，应使用基于信任度的资源调度算法使得资源协调适合全场景，该算法那需要保证终端节点在有效传输范围内完成任务。此外，考虑边缘场景是一种开放的场景，同时也是基于经济收益驱动的场景，资源协同机制可采取基于成本与收益优化的资源调度算法，从而提高边缘计算场景下的资源利用率。

3.1.2 资源协同在分布式计算场景下的应用

随着分布式技术的发展，在实际生产环境中，同一个应用在执行时可能需要来自不同节点的资源，而资源协同技术能较好满足上述应用的资源需求，因此能够提高分布式计算环境下的应用性能。由于资源协同要求同一时间所需资源的可用性，因此资源调度机制应将这部分资源进行提前预留。在分布式环境下，当多个调度器均对某项资源进行预留时，系统可实现对多种资源进行协同预留。

在分布式计算场景下，不仅能通过某些工具，实现对资源管理和调度算法的研究，还可通过工具实现对资源协同的仿真与研究，如 Bricks、OptorSim 等。图 3-1 展示了仿真工具的资源协同调度示意图[30]，该仿真工具的工作原理与分布式计算场景下资源协同机制的原理类似。其中，本地资源由机器、处理单元以及相应的本地资源管理器构成，可执行提交至该资源的本地作业。本地资源管理器由分类器、全局调度器和协同分配器组成。

（1）分类器根据分类策略对作业进行分类。

（2）全局调度器按照调度算法为作业分配其执行所需资源，并将其发送至对应的机器以待执行。

（3）协同分配器负责监控本地资源中所有处理单元的状态，并将状态信息汇总至全局调度器。

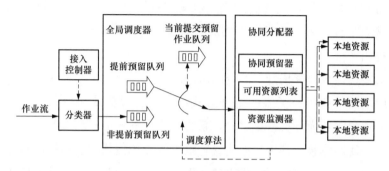

图 3-1　资源协同调度示意图

全局资源管理器包含接入控制器、分类器、全局调度器以及协同分配器，主要功能为管理分布式计算场景下的资源与作业。

（1）接入控制器与分类器用于分类即将到来的作业流，并将其发送至对应的队列。

（2）全局调度器中包含正常执行的非提前预留队列，也包含资源协同相关的提前预留队列。

（3）协同分配器负责资源协同，当用户提交的作业只需使用单个本地资源，本地资源自带的资源预留器即可为其单独分配资源；当作业需要多个本地资源进行协调时，协同分配器在为多个本地资源协同预留后，将协同产生的子作业分别提交至对应的本地资源。

3.1.3　资源协同在云计算场景下的应用

对于资源协同应用场景之一——云计算，此处主要探讨云计算平台与多云协同场景。云计算平台场景下，主要探讨内存资源的协同优化机制；多云协同场景下，主要探讨存储资源的协同优化方法。

在云计算平台中，虚拟化技术的广泛使用为云计算基础设施资源提供了动态部署以及安全隔离等重要保障[29]。然而，使用虚拟化技术实现的虚拟机无法在应用运行时更改内存限制。因此，多虚拟机间的内存资源协同需要合理决策内存分布，这在内存虚拟化中极具挑战性。此外，使用虚拟化技术实现的虚拟机为用户提供了按需租用的资源模式，然而，当多台虚拟机部署在同一物理机时，虚拟化技术需解决这台物理机上多虚拟机的内存资源协同问题。若采用静态分配方式，虚拟机在运行过程中所占的物理内存大小不发生变化，内存资源受到物理内存的限制。当内存资源分配不合理时，静态分配方式会降低虚拟机执行效率，并且，在该场景下恢复合理的内存资源方式代价过大。

针对上述问题，需提出自发调节与全局调节协作的多虚拟机内存管理体系架构[27]。其中，自发调节方式在内存资源充足时发挥作用，该方式通过操作系统提供的接口获取内存统计信息，并根据该统计信息与虚拟机框架提供的分配策略为不同虚拟机分配内存资源，例如，Xen 提供的气候驱动机制。全局调节方式在内存紧缺时发挥作用，该策略通过分析空闲内存的价值与空间大小，利用资源分配算法，例如动态规划算法等，协同多个内存资源。此外，上述内存资源充足状态与内存资源紧缺状态由多虚拟机系统中所有虚拟机的内存状态信息统计而来。

对于多云场景下的资源协同问题，选取广泛使用的云存储资源进行分析。从用户角度看，云存储的使用失去了对物理存储资源的控制，因此云存储资源管理面临的问题更加显著，具体涉及存储资源控制、可靠性与安全性保障。由于单一的云储存服务在面临上述问题时存在效率、安全性等方面的挑战，因此考虑使用多云协同对存储进行架构。在多云协同场景下，存储资源协同涉及数据分发、整合、存取、管理与存储安全性保障等内容。

面对存储资源协同中的数据分发与整合问题，可在针对 Hadoop、Swift 等框架使用的数据分发及整合算法的基础上，考虑多云存储资源和网络服务质量，提出能够有效提高数据存储效率的用户数据自适应算法。面对存储资源协同中的数据存取、管理与安全性等问题，可通过将用户访问与数据存取管理相分离，并提出基于元数据服务器的数据分片存储与密钥管理方法，解决存储资源协同在数据存取与管理上遭遇的数据泄露等安全性问题。上述数据分发及整合算法与数据分片存储与密钥管理方法能够利用现有的多云存储平台进行存储资源协同，具有高性能、低成本以及高可扩展性等优势。

3.1.4　资源协同在异构物联网场景下的应用

随着海量设备接入到物联网，传统物联网正逐渐向异构物联网发展，异构性主要体现在，设备的能力在多个维度上存在差异、设备接入物联网的方式有所不同、物联网应用对不同指标存在不同要求等。在该场景下，异构物联网在计算、传输等方面存在资源协同问题，如何高效且准确地调度不同设备、资源是解决该问题的关键点。为了解决上述问题，可从作业协同调度、资源协同分配等角度进行分析[32]。

物联网中各设备间存在的社交关系可协助卸载计算任务，用户间的社交关系可从社会信任、社会交互以及社会兴趣相似度等多个角度进行刻画。同样，物联网中各设备的缓存也可协助调度计算任务，某个设备闲置的存储资源可通过缓存的形式减少用户请求的响应时间。结合社交关系与存储资源的资源调度方式可具体概括为如下内容：社交关系的多个角度可为物联网设备的分类以及具体某一类设备的资源偏好提供参考；当物联网中存在有计算卸载需求的用户时，缓存节点可能存储了该任务的输入数据，根据社交关系和内存资源缓存技术可搜索到周边类似的可用于计算协作的用户。通过上述资源协同技术，物联网中闲置的缓存资源可大大提升任务执行效率。

使用社交关系和缓存技术实现的资源协同机制存在设备存储能力、宽带有限等问题，后续将阐述全双工中继协作 NOMA 的资源分配手段。在异构物联网中存在一种典型的数据分发场景：该场景包含一个数据发送者与多个数据接收者，根据接收者距离发送者的距离，接收者可被分为强信道状态用户和弱信道状态用户。由于 NOMA 接入方式能够提高频带利用率，因此考虑使用该接入方式支持多个数据接收者与发送者互相通信。相较于强信道状态用户，弱信号状态用户的通信质量较差。为了协调两种用户之间的通信质量，可通过协调两种用户的解码方式和工作方式实现。此外，在上述场景中，系统总传输速率可通过强信道与弱信道用户之间的资源协同匹配最佳的工作方式，进而提供整个网络的数据传输速率。

3.1.5　资源协同在信息中心网络场景下的应用

作为未来网络发展的一个重要体系架构，信息中心网络中存在许多创新性设想，包括内容与位置分离、网络内置缓存等，用于实现网络内容分发、移动内容存取以及网络流量均衡等功能。信息中心网络的上述功能的实现离不开资源协同机制提供的支持，此处将以基于信息中心网络的分布式计算任务调度为例，阐述资源协同在信息中心网络场景下的应用[33]。

最初的信息中心网络利用边缘设备的计算资源实现分布式计算，网络只作为信息载体负责转发数据。随着信息中心网络的发展，网络传输经过的中间节点可承担部分计算任务，从而缓解边缘节点的计算负担，并减少传输开销。无线网络的广泛使用推动了信息中心网络的进一步发展，基于域名的路由能够为用户提供更高效的服务，但信息中心网络中仍存在需解决的问题，例如与任务计算和调度相关的资源协同问题。图 3-2 展示了基于信息中心网络的计算资源协同系统[26]。终端用户的计算任务需由其他计算机辅助完成。当用户将计算任务发送到信息中心网络时，信息中心网络根据任务的名字将任务转发到不同计算平台以协同计算平台与终端的计算资源，从而为用户提供更好的任务处理效率。

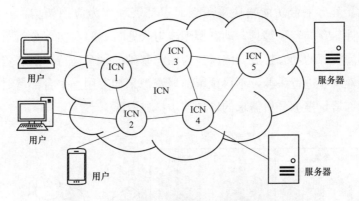

图 3-2　基于信息中心网络的计算资源协同系统

3.2　运维场景

在面对面向多站融合的多数据中心时，一个最重要的地方就是多数据中心的运维场景。多数据中心的建立意味着运维工作的复杂化与多样化，多数据中心的运维场景成为一个尤其需要关注的场景。

3.2.1　信息运维调度场景

多数据中心的运维过程中，信息资源的调度是不可或缺的一个关键场景。如今基于云计算、大数据、物联网、移动互联技术的自动化运维，在大型企业中应用并积累成熟经验，通过大数据分析和挖掘，实现智能资源调度决策、资源分析与趋势预测、故障智能诊断和修复等；云计算环境下，实现基础资源的统一管理、弹性调度、智能化服务和自动化运维,资源从按需配置转变为动态调配。通过虚拟化系统的管理自动化、监控自动化、维护自动化,实现系统的最优化,以适应业务需求的变化,降低维护成本。大数据引擎可以为多数据中心提供非常好的洞察能力,并且把大数据的核心技术应用于多数据中心运维场景的很多方面。

在多数据中心的运维场景中,自动化资源调度将会成为调度过程中一个不错的选择。

3.2.2　信息运维运行场景

平台接入处理模块、分析报表模块采用成熟的分布式海量数据处理架构,结合分布式集群结构,集中管理控制节点、数据处理节点均可采用虚拟机进行集群建设。其余平台功能模块采用点对点部署和作为应用架构,其使用数据库、中间件、存储容量等具备动态调配能力(见图 3-3),实现分析对象的动态增加和部署资源的动态扩展、缩减。为保障基础的平台运行,部署资源由云计算或资源池统一进行采购,不再预留部署资源采购费用。平台部署时资源采用最小单元部署,根据分析需求的增加逐步扩充资源。

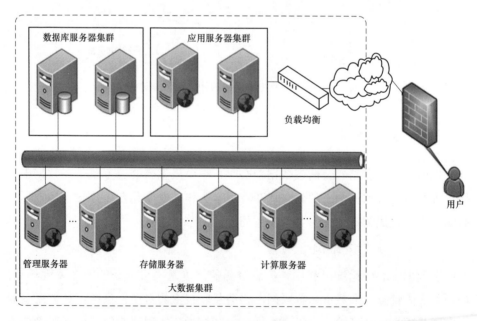

图 3-3　动态调配示意图

整体架构分为数据分析、智能调度和实时归集（见图 3-4），另设置平台本身的管理控制能力，各区域之间的数据交换统一在平台管理中。并且采用大数据分析技术和人工智能技术实现数据的综合关联分析，并建设全量监控，如巡检机器人、机房物理设备三维可视化等。

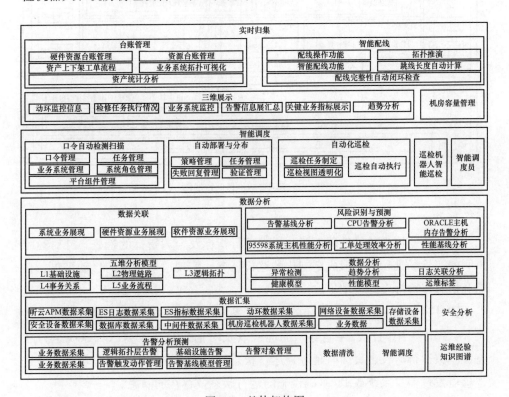

图 3-4 整体架构图

运行场景可以从业务与技术两方面进行具体规划。

3.2.2.1 业务规划

多数据中心的运维对象包括传统物理设施和云资源（IaaS 层和 PaaS/SaaS 层），传统物理设施包括服务器、存储、网络和安全设备等；IaaS 层包括虚拟服务器、虚拟存储、虚拟网络；PaaS/SaaS 层包括公共基础组件、公共技术组件、数据服务组件。

通过借鉴信息通信一体化平台，可以利用运维自动化功能来帮助管理信息运维的运行场景。运维自动化功能包括自动化巡检、自动化处理、自动化部署、自动化配置、自动化资源调度 5 大项功能，业务架构如图 3-5 所示。

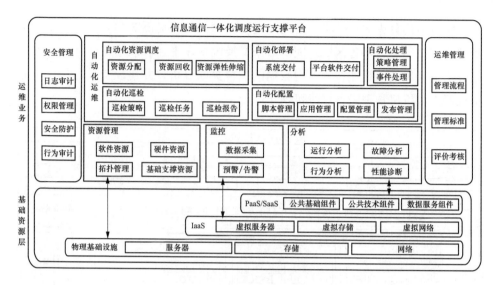

图 3-5　运维自动化业务架构

1. 自动化巡检

自动化巡检为各种软硬件资源提供运行指标及合规指标的检查，针对运维不同的巡检场景和需求形成定制化的巡检任务，实现巡检指标的自动采集、自动分析和巡检报表的自动生成。

如针对信息系统的巡检，包括对信息系统所包含基础设施（网络设备、主机、数据库、中间件、存储等）的巡检以及对信息系统本身（如系统运行状态、健康运行时长、页面时延等）运行状态的巡检。在不同的业务场景下通过巡检可发现信息系统或 IT 基础设施的运行状态及存在的隐患。

自动化巡检与传统监测处于不同的运维阶段，传统监控处于监测的阶段，而自动化巡检处于管理及控制的阶段，可以根据不同业务场景进行检测及管理（如根据安全规定相关服务器端口及服务必须关闭，在此场景下进行定制化的巡检任务，检查服务器端口及服务的合规性），当巡检过程中发现隐患可以选择是否执行自动化事件处理模块进行隐患消缺。

自动化巡检在传统架构下主要通过协议、代理或定制化脚本执行巡检任务获取所需运行指标，在云环境下利用同样的技术手段获取相关运行指标。

自动化巡检功能包括巡检策略管理、巡检任务管理、巡检报告管理，见图 3-6。

（1）巡检策略管理。巡检策略管理是根据不同的业务场景制定对应的策略配置；主要功能包括巡检规则库管理、巡检资源库管理、巡检调度计划制定、巡检处理策略定义和告警策略设置。

1）巡检规则库管理。根据不同厂商、不同类型的软硬件设备建立日常巡检标准规则库，包括巡检设备类型、指标名称、采集方法（采集协议、采集指令等）等，为自动化巡检提供巡检规则。巡检规则支持基线管理，适应不同时期的巡检规则设定。

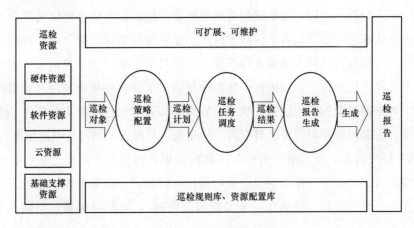

图 3-6　自动化巡检功能图

2）巡检资源库管理。基于多数据中心平台资源管理库对巡检资源进行管理，巡检资源库管理可按照多数据中心所定义的设备分类进行管理。

3）巡检调度计划制定。在巡检规则库和巡检资源库的基础上，针对不同巡检场景和需求制定不同的巡检模板，巡检模板包括巡检设备集和巡检指标集，运检人员根据巡检模板配置相应的巡检时间计划，形成调度任务。

4）巡检处理策略定义。包括巡检结果的处理策略和报告生成策略。处理策略定义了巡检结果的处理方法，报告生成策略定义了报告展现的样式模板。

5）告警策略。告警策略包括巡检结果超过阈值或异常时的告警规则、级别、通知范围，允许设置单一告警和复合告警，允许人工进行告警升降级处理。

（2）巡检任务管理。巡检任务管理是根据巡检调度计划，对符合触发条件的任务进行调度执行，同时对巡检结果根据巡检处理策略进行处理。主要功能如下。

1）巡检任务调度。根据巡检调度计划，对符合触发条件的任务进行调度。调度的方式分为人工触发和自动触发，自动触发支持事件触发和周期性触发（周期性支持按时、日、周、月、年等）。

2) 巡检任务执行。根据巡检任务所定义的设备集和指标集以及采集方法，对相应设备的指标值进行采集。

3) 巡检结果处理。根据巡检结果处理策略定义的处理方法对巡检结果进行处理，根据告警策略定义的阈值对指标值进行阈值判断，对超过阈值的指标根据告警处理策略进行处理。

（3）巡检报告管理。巡检报告管理是根据巡检报告生成策略定义的报告样式，自动生成巡检结果报告，同时支持对历史巡检数据进行统计，形成巡检历史报告。巡检报告从两个维度进行描述，一是对象维度，主要包括业务系统报告、服务器主机报告、存储报告、数据库报告、平台软件报告等，对象维度的报告应对根据对象的潜在的运行状态、发展趋势等方面进行重点分析；二是时间维度，主要包括即时报告、日报告、周报告、月报告、季报告以及年报告。

1) 即时报告。对当前巡检任务的执行结果或历史某个时刻生成的执行结果，根据自定义的报告样式，综合多项指标（例如，一个业务系统报告，应该包括主机、平台软件、数据库、业务响应等内容），关联发现潜在问题，生成即时报告。

2) 日报告。对历史巡检数据按日进行统计，形成相应的统计结果，以及指标的时序图等信息，并根据自定义的报告样式生成日报告。

3) 周报告。对历史巡检数据按周进行统计，形成相应的统计结果，以及指标的时序图等信息，并根据自定义的报告样式生成周报告。

4) 月报告。对历史巡检数据按月进行统计，形成相应的统计结果，以及指标的时序图等信息，并根据自定义的报告样式生成月报告。

5) 季报告。对历史巡检数据按季进行统计，形成相应的统计结果，以及指标的时序图等信息，并根据自定义的报告样式生成季报告。

6) 年报告。对历史巡检数据按年进行统计，形成相应的统计结果，以及指标的时序图等信息，并根据自定义的报告样式生成年报告；按照年度运行方式的模板，根据巡检数据自动统计并生成运行方式变化情况。

2. 业务场景

上述功能模块的业务场景以主机配置合规检查为例，利用自动化巡检功能实现对主机配置合规情况的巡检。运检人员制订巡检方案，包括巡检对象范围、巡检时间、巡检指标范围；利用巡检脚本执行检查，并反馈脚本执行结果，利用巡检规则库对执行结果进行合规检查；根据巡检结果处理策略生成巡检报告、告警/预警或短信邮件通知；根据巡检指标结果的重要程度选择相应的脚本自动处理，在自动处理前可经过巡检人员的确认再执行。

自动化巡检业务示意图如图3-7所示。

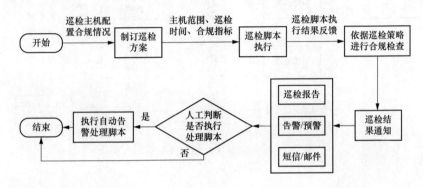

图3-7　自动化巡检业务示意图

3. 自动化事件处理

自动化事件处理是针对巡检、监控所捕获事件进行自动或人工干预处理的事件处理机制，见图3-8。

（1）策略管理。处理策略定义了事件与自动处理脚本间的关联关系，是事件处理的执行依据。策略管理包括处理策略的注册、启停、展现等管理。

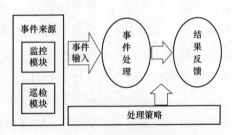

图3-8　自动化事件处理功能图

（2）事件处理。事件处理指通过匹配处理策略，依据自动化处理脚本对监控或巡检中捕获的事件进行处理、反馈。

1）自动处理是指通过脚本执行处理操作，全程无需人为干预的处理方式。

2）人工干预处理指通过策略能找到对应处理脚本，但在执行脚本过程中需人工进行操作确认、参数录入等工作。

（3）结果反馈。结果反馈是将自动或人工干预处理的过程状态、操作信息、最终结果向事件输入端反馈。

（4）业务场景。自动化事件处理业务场景包含故障定位和事件响应，在整个自动化处理过程中，所有的操作也会进行记录，方便日后审计。以某应用服务故障，需要通过重启服务来恢复为业务场景。自动化事件处理业务场景示意见图 3-9。

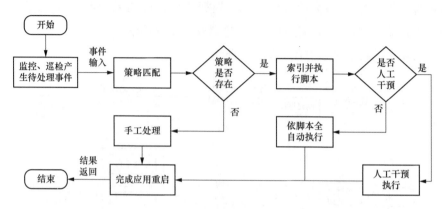

图 3-9　自动化事件处理业务场景示意图

4. 自动化部署

自动化部署主要面向支撑应用系统运行的基础设施等部署对象进行管理，包括传统架构下物理主机操作系统、中间件、数据库的安装，虚拟化架构下虚拟资源（如虚拟主机、虚拟网络、虚拟存储等）的创建，以及基于 Linux 内核虚拟化技术（LXC）的应用容器和容器配套资源的部署等。针对不同部署对象预置部署模板或镜像，支持用户自定义的部署场景，通过预置的配置信息，采用人工触发或事件触发的方式执行部署任务，以达到简化或替代传统需要运维人员开展的资源部署工作的目的，同时实现一个部署过程的标准化、自动化，并且部署过程可复制、可预期。

自动化部署包括部署策略、部署任务和部署验证三大业务功能，如图 3-10 所示。

（1）部署策略。部署策略是执行自动化部署任务的基础，定义部署的源文件、镜像位置，需要部署的可执行文件运行目标环境、部署任务的触发方式等在内策略信息。部署策略包括部署介质管理和环境管理。

1）介质管理。对传统架构和虚拟化架构下的部署介质进行统一管理，内容包括虚拟资源、操作系统、中间件、数据库、应用容器相关的软件包、补丁包等，并管理介质的版本、执行引导代码。

2）环境管理。按照运行环境分别对需要部署的目标对象及其依赖环境进行管理，建立部署目标、运行环境和部署介质之间的对应关系。

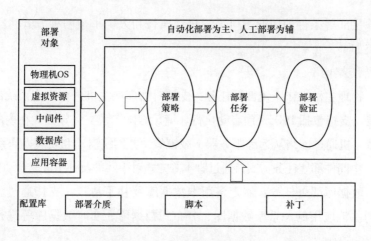

图 3-10 自动化部署功能图

a. 传统架构下：

物理主机操作系统部署环境包括需要部署的目标主机地址、所适配的操作系统版本、源操作系统位置。

中间件部署环境包括中间件所运行主机的地址、中间件部署模式（集群或单机等）、运行所依赖的环境（如 JVM 版本）、文件传输口令或认证协议、部署文件目标位置，中间件认证口令，启动、停止及监听服务名称和端口。

数据库部署环境包括数据库所运行主机的地址、部署模式（RAC 集群、Windows 集群或单机等）、文件传输口令或认证协议、部署文件目标位置，数据库名称、字符集、用户名及口令，启动、停止、监听服务名称和端口等。

b. 虚拟化架构下：

虚拟资源部署环境包括拟申请虚拟资源（如虚拟主机、虚拟网络、虚拟存储）的拓扑结构、规格参数，所适配的操作系统版本、源操作系统位置等。

基于 Linux 内核虚拟化技术（LXC）的应用容器部署环境包括容器管理端所对应的客户机信息、应用镜像仓库信息、应用部署实例信息及实例所运行环境信息等。

（2）部署任务。部署任务定义任务的执行方式、执行时间，同时在部署过程中对任务执行情况进行监控。部署任务包括任务配置和任务监测两部分。

1）任务配置。针对不同的部署对象，系统需要预置不同的部署任务模板，支持按需定制不同的部署任务及策略执行时间、执行方式，判断资源是否充足，在满足部署条件的情况下可采用自动执行和人工干预两种方式执行。部署任务分类如下。

a. 传统架构下：

（a）物理主机操作系统部署任务：支持对物理裸主机进行操作系统的远程批量化安装，支持包括 PXE（预启动执行环境）等操作系统引导方式在内的部署方式，支持主机通过网络从远程服务器下载镜像，并网络启动和安装操作系统。

（b）中间件部署任务：支持通过脚本等方式对中间件及补丁进行自动化安装。

（c）数据库部署任务：制定多版本数据库及补丁清单，支持通过脚本等方式对公司主流应用的关系型数据库、分布式数据库、实时数据库等进行自动化安装。

b. 虚拟化架构下：

（a）虚拟资源部署任务：以虚拟资源申请流程的最终结果作为输入，支持在虚拟环境中按照配置要求自动完成主机拓扑、虚拟资源生成，以及虚拟客户机操作系统安装、网络配置、端口开放、存储分配等操作，实现虚拟资源交付自动化。

（b）基于 Linux 内核虚拟化技术（LXC）的应用容器部署任务：支持诸如 Docker 等应用容器控制端和客户机代理的自动化安装，支持对应用镜像的创建、备份，并根据任务处理策略对应用镜像实现实例化部署和业务快速切换。

2）任务监测。对传统架构和虚拟化架构下的操作系统、虚拟资源、中间件、数据库、应用容器等自动化部署任务进度进行查看、重做，并能提醒任务最终的执行状态。

（3）部署验证。操作系统、虚拟资源、中间件、数据库、应用容器等部署对象成功部署后，能够对部署状态进行验证，以确保自动部署的合规性、完整性和可用性。

物理主机、虚拟资源要能够校验其资源数量、配置规格、网络结构等是否合规，是否达到配置要求，并将验证结果反馈给运维人员。

中间件、数据库、应用容器要能够验证软件和应用安装的正确性和可用性，并确保基础服务是否达到配置要求，并将验证结果反馈给运维人员。

（4）业务场景。某项目组通过上线计划提交了系统检修，该系统运行环境包括一台物理和三台虚机资源。运维单位提供了两台物理机，其中一台物理机作为该系统的数据库服务器，另一台通过虚拟化划分成两台虚机，一台在物理环境下安装 Weblogic 中间件，另一台安装基于内核虚拟化技术的应用容器 Docker。图 3-11 通过 A、B 两台主机对部署场景进行演示：

A 主机演示了通过 PXE 安装物理机操作系统，通过脚本方式安装数据库，以及安装完成后进行合规性、完整性和可用性验证的过程；

B 主机演示了在操作系统内部安装应用容器 Docker，并通过 Docker 运行环境创建应用镜像、实现镜像实例化运行和业务切换的过程，切换完成后对合规性、完整性和可用性进行了验证。

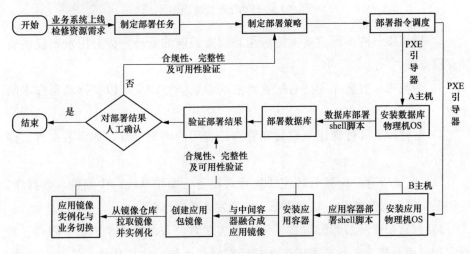

图 3-11　自动化部署业务场景

5. 自动化配置

自动化配置主要针对脚本、应用包、参数文件等进行存储和管理，对设备、操作系统、中间件、数据库等进行参数配置，对应用系统进行发布及操作回滚。自动化配置功能图见图 3-12。

（1）配置库。配置库能够将不同资源、不同厂商、不同型号的资产的脚本、应用安装介质、配置参数、参数文件、许可文件等统一进行管理和维护，应支持文件的上传、下载、展现及在线编辑等。

1）脚本库。脚本库包括针对操作系统、中间件、数据库、应用程序、网络设备、安全设备的配置脚本以及数据库 SQL 脚本，为自动化事件处理、配置管理等提供操作脚本。

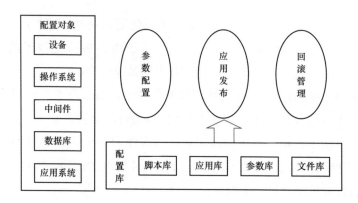

图 3-12　自动化配置功能图

2）应用库。应用库主要支持应用系统安装包的管理，为应用发布提供安装介质支持。

3）参数库。参数库支持对配置对象的参数类型定义，以支持动态脚本的生成。

4）文件库。文件库用于存放和管理配置用的物理文件，如参数文件、许可文件等。

（2）配置管理。配置管理主要执行对设备、操作系统、中间件、数据库、应用系统等的参数优化、状态更新、应用发布等操作。

1）参数配置。参数配置指基于脚本实现对设备、操作系统、中间件、数据库和应用系统等的动态配置。包括针对操作系统的内核优化，针对中间件、数据库的运行状态优化，针对应用系统的系统参数、数据库连接等参数推送，以及在特殊运行时期、不同场景的运行方式自动配置。

2）应用发布。应用发布通过加载应用包和对应操作脚本、SQL 脚本、配置文件，在指定的服务器中执行自动化应用发布、系统参数配置等。

3）回滚管理。针对自动配置和发布的结果进行校验，对校验不通过或操作失败的进行自动或手动确认的回滚。

（3）业务场景见图 3-13。以某应用发布为业务场景，以下演示了自动化配置从脚本、应用包、参数文件上传到建立发布任务、发布任务执行、验证和结果返回的全过程。

6. 自动化资源调度

自动化资源调度以云计算平台为前提，利用云环境的特性，对 CPU、内存、硬盘、数据库和应用等资源进行自动化调度管理，在保障业务系统稳定性、安全性和性能的基础上，提高基础资源业务负载能力，提升资源利用效率，建立通过策略管理进行精确控制的虚拟资源自动调度机制，最终解决业务系统中资源利用率低的问题。

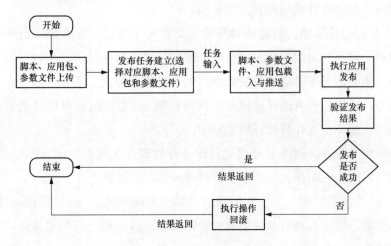

图 3-13　自动化配置业务场景

自动化资源配置功能图见图 3-14。

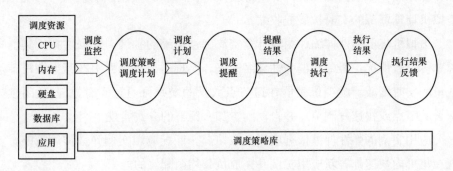

图 3-14　自动化资源配置功能图

（1）策略管理。策略管理，主要指资源调度策略，定义了资源调度的触发条件、调度覆盖范围和调度粒度以及对这些进行管理。可根据不同场景，多维度的组合构建策略，比如硬盘运行情况、CPU 运行情况、内存应用情况、应用运行情况以及数据库运行情况进行组合多维度策略，每个维度的参数可配置化增删改。

策略主要包括弹性伸缩策略和智能迁移策略。

1）弹性伸缩策略。弹性伸缩策略指针对虚拟机计算资源弹性伸缩、虚拟机集群弹性伸缩和应用实例弹性伸缩 3 种弹性伸缩场景定义不同控制策略。策略定义了弹性伸缩功能的启停、是否需要人工干预、触发条件、覆盖范围和伸缩幅度等，是弹性伸缩功能执行的依据。

2）智能迁移策略。智能迁移策略主要定义了虚拟机在物理运行环境中的迁移规则，包括针对物理机集群负载均衡的迁移策略和基于经济运行模式的迁移策略。策略定义了智能迁移功能的启停、是否需要人工干预、触发条件、覆盖范围等，是虚拟机智能迁移功能的执行依据。（虚拟机高可用是虚拟化最基本的功能，故不包含在智能迁移策略中。）

（2）调度管理。调度管理通过获取监控数据并实时匹配调度策略的方式，实现对资源的实时调控。主要包括弹性伸缩管理和智能迁移管理。

1）弹性伸缩管理。弹性伸缩管理指弹性伸缩调度功能根据当前虚拟机自身计算资源、虚拟机集群和应用的负载情况，通过加载对应调度策略，实现资源弹性伸缩。

虚拟机计算资源包括 CPU 核数、内存、磁盘空间、网络限速。虚拟机计算资源弹性伸缩依据虚拟机计算资源使用情况，匹配弹性伸缩策略，实现目标虚拟机计算资源的实时扩展或收缩。

虚拟机集群弹性伸缩作为对计算资源弹性伸缩的扩展。依据虚拟机集群资源总体负载情况，匹配集群弹性伸缩策略，实现虚拟机集群中在运虚拟机节点数量的实时增减。虚拟机集群在运节点数量的增减可通过实时拉起/关闭预先部署的节点或快速复制节点并自动配置加入集群的方式实现。

应用实例的弹性伸缩依据应用负载情况，匹配应用实例弹性伸缩策略，实现在集群内快速部署新应用实例并完成负载均衡配置的能力。

2）智能迁移管理。智能迁移管理指虚拟机智能迁移功能根据当前宿主机集群的负载情况，依据生效的虚拟机智能迁移策略实现虚拟机智能迁移，包括负载均衡调度和经济运行模式调度。

负载均衡调度依据计算资源使用情况，通过匹配智能调度策略，将高负载服务器中的虚拟机向低负载服务器迁移，实现资源组内服务器负载均衡。

经济运行模式调度依据各物理服务器计算资源使用情况，通过匹配智能调度策略，将负载过低的物理服务器中运行的虚拟机进行迁移、集中，并关闭空转服务器。

（3）调度提醒。调度提醒指根据策略配置进行资源调整的提醒，通过短信、邮件、桌面等方式提醒通知运维人员。包括伸缩执行前提醒和执行结果反馈，对需手动确认的提醒，在策略指定时间内不执行人工确认，系统默认确定并自动执行。

以集群弹性伸缩的业务场景（见图 3-15）为例。系统处于正常运行状态，在某时间段内，业务访问量增多，集群的负载变高，首先根据扩容策略，判断达到集群的扩容条件，然后发送扩容提醒给运维人员，调用云平台的接口新建虚拟机、部署应用并将节点加入集群，最后将扩容的结果反馈给运维人员；集群收缩场景与扩容场景类似，动作相反，对访问业务量实时监控，若访问业务量减少，系统应备份或迁移扩展中的访问进程，并回收空间。

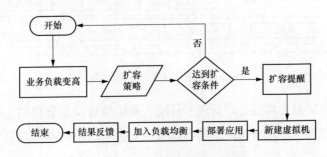

图 3-15　自动化资源调度业务场景

3.2.2.2　技术规划

整体技术分层规划图如图 3-16 所示。从整体架构视角上将运维自动化体系划分为七层技术体系。层与层之间通过低耦合方式的远程通信技术或者中间件来实现业务数据的交互。

1. 基础设施层

基础设施层，主要为信息系统的运行提供基础资源或环境。目前一般公司的基础设施存在物理基础设施、虚拟基础设施两类。物理基础设施包括主机、网络设备、存储设备以及其他机房环境辅助设备等。虚拟基础设施包括主机、网络和存储。

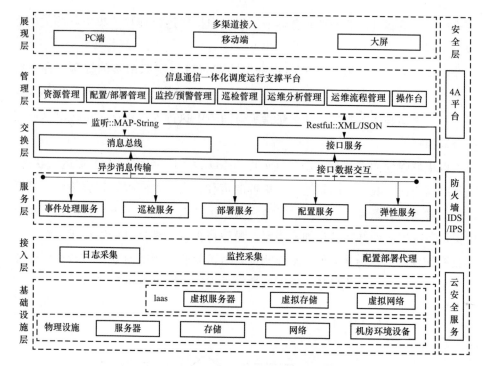

图 3-16　整体技术分层规划图

基础设施层是公司既有的资产和环境、是运维自动化管理的主体和核心对象，运维平台整个体系将构建于基础设施层之上，而不对基础设施层本身进行干涉。

2. 接入层

接入层，是运维自动化功能在基础设施环境、信息系统运行时环境中的执行层，由一组代理程序/插件组成，以一个代理服务程序的形态部署到基础环境中。由于接入层直接与底层基础环境进行交互，因此接入层代理程序的实现，应根据运行时环境的不同而提供多种版本进行兼容，如 for Linux 版本或 for Window 版本等。

3. 服务层

服务层作为整个运维自动化平台的核心服务共包括弹性服务、部署服务、配置服务、巡检服务、事件处理服务 5 大组件，负责接收来自接入层的数据反馈，对接入层进行调度与控制、信息汇总、计算等；对外（对上）则提供远程 API 接口来支持管理层进行功能交互。

（1）功能职责。根据业务规划，对于服务层的设计，其功能职责定位如下：

1）整体调度与管理接入层，负责接入层的会话与状态管理；

2）进行信息汇总、分析计算与存储；

3）封装运维自动化核心业务逻辑和功能，开放业务及功能接口；

4）提供高性能、高可靠性的运维自动化服务保障。

（2）模块规划，如图 3-17 所示。根据业务规则以及功能职责定位，服务层每个模块在物理上均是单独的服务程序，可各自独立部署运行，以此来实现对平台复杂性的分解，以及按业务和功能解耦。但在逻辑上根据功能划分的不同，服务模块间存在一定的依赖关系。在技术实现上可采用商业化产品、自主研发、开源＋二次研发三种技术路线。服务层分类见表 3-1。

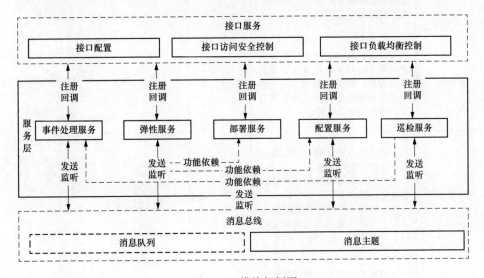

图 3-17　模块规划图

4. 交换层

交换层是介于管理层与服务层之间，用于支撑服务层与管理层、服务层各模块之间数据的同步和异步交互的功能层。主要包括接口服务、消息总线，见表 3-2。

5. 管理层

管理层原则上由多数据中心平台来实现，对运维自动化的全方位数据和信息提供管理和展示。多数据中心平台向下调用 5 大服务组件的功能接口来实现

运维流程与底层技术操作的对接，实现运维自动化。对上，由多数据中心平台
为 PC 端提供展示页面、为移动端（Android、iOS）提供展示页面或接口、为
大屏提供数据源。

表 3-1　　　　　　　　　　服 务 层 分 类

模块名称	功能职责	模块依赖	推荐技术路线
弹性服务	整体负责运维自动化体系中对云资源池虚拟资源的控制与调度。主要实现在物理环境中无法完成的、具有云特性的运维自动化功能，如：资源弹性伸缩、不停机检修、灰度发布等。调度的资源范围包括虚拟服务器、虚拟网络、虚拟存储	依赖：部署服务配置服务	开源（Google GKE、Amazon ESC、Cloudify 等）＋二次研发
部署服务	支撑自动化部署业务，整体负责实现交付环境（物理机、虚拟机、容器）的安装部署功能，包括操作系统、中间件、数据库等平台软件的自动化安装	依赖：无	开源（Cobbler、Docker 等）＋二次研发
配置服务	支撑运维自动化的自动化配置业务功能的实现。包括：（1）实现配置资源管理，如配置文件、脚本等；（2）对部署软件的配置执行；（3）对物理设备的远程配置执行，如交换机、安全设备等	依赖：无	开源（Puppet、SaltStack、Ansible 等）＋二次研发
巡检服务	支撑自动化巡检业务功能的实现，包括：（1）巡检策略管理；（2）巡检任务执行；（3）自动生成巡检报告	依赖：事件处理服务	自主研发
事件处理服务	支撑自动化事件处理功能的实现，具体有：（1）监控、巡检后的事件进行自动化处理；（2）事件处理策略的管理与下发	依赖：部署服务配置服务	开源（Zabbix、Nagios、Cacti 等）＋二次研发

表 3-2　　　　　　　　　　　　　　交 换 层 分 类

模块名称	功能职责	模块依赖	推荐技术路线
接口服务	负责各服务模块功能接口的统一管理、控制、调度与路由。旨在对各服务模块的接口进行规范化管理与调度，简化服务接口间的依赖关系，实现松散耦合。主要功能有接口注册、接口调用路由（支持负载均衡）、接口访问安全控制	独立	自主开发
消息总线	用于实现各服务模块间的消息（状态）共享，异步消息传输	独立	共用多数据中心平台的消息服务

多数据中心平台预留运维自动化操作台，此操作台主要提供运维自动化相关组件的操作界面，操作台能够根据不同业务场景对各操作组件灵活调用并实时执行操作，另外操作台界面能够与多数据中心平台无缝对接，并能够从多数据中心平台相关业务发起自动化操作及操作结果的反馈。

6. 安全层

安全层对运维自动化组件提供安全保障，其中设备及 IT 架构安全遵循公司的安全体系，通过 IDS/IPS、防火墙系统等相关安全设备为基础设施物理层提供安全；4A 平台为自动化组件提供应用级安全控制，实现账号权限的精准控制；云安全服务面向整个虚拟资源提供安全防护，按照云环境进行安全分域，引入无代理模式虚拟化安全技术，从虚拟机外部为虚拟机中运行的系统提供高级保护，包括入侵检测、防恶意程序、防火墙和 Web 应用程序防护等。运维自动化是信息通信一体化调度运行支撑平台（多数据中心平台）的组成部分，业务规划上要充分结合多数据中心平台的整体架构和规划，对多数据中心平台体系进行有效的支撑和互补，避免重复建设。

7. 展现层

展现层通过利用多种显示手段在例如 PC 端、移动端、大屏等多种终端场景下向用户显示整个平台对相应事件的分析数据以及处理结果，帮助用户更清晰地了解平台乃至整个系统的工作情况。

3.2.3　信息运维检修场景

在多数据中心的运维过程中，如何应对数据中心的检修场景也是要面临的一项重要问题。数据中心的灾备工作尤为重要，是确保多数据中心能够正常工作运行的关键。

目前应用于公司的数据级灾备已基本建设完毕，应用级灾备级双活建设在稳步开展。其中应用级灾备建设涉及营销系统及设备（资产）运维精益管理系统。营销系统已完成应用级灾备建设，并定期开展常态化灾备演练工作。设备资产运维精益管理系统已经在一些公司完成试点建设，并已进行多轮灾备切换演练。

应用级灾备建设进一步提高了应用系统的可靠性，确保业务可以快速恢复，实现了应用系统在异地的复制与应用接管功能。业务数据已实现实时同步复制，可实现快速切换与回切，紧急运行期间灾备侧增量数据可回写生产端数据库。已满足零停运检修及轮换运行需求。

应用级灾备运维支撑体系研究与实施。开展运维管理体系、信息安全防护体系、应用级灾备监控系统和灾备演练管理模块工作。

而随着多数据中心的出现，下一步将会发展如何实现多活灾备，以保证数据中心的稳定性。

另一方面，多数据中心的建设必将伴随着自动化巡检的发展。如何实现各个数据中心的自动化巡检的顺利开展，是一项较为重要的任务。

通过结合自动化巡检和多活灾备，信息运维过程中的检修场景将会在无人值守的情况下得到更好的技术支持，为未来多数据中心的检修提供便捷。

3.3 应用案例

3.3.1 IBM P750 宕机

3.3.1.1 案件描述

数据中心 A 的 IBM P750 小型机发生宕机故障，数据中心 B 的主机上运行的通信机房智能综合监控系统数据库和数据中心 C 的主机上运行的一体化电量与线损管理系统、配网抢修移动应用、内网移动应用平台生产环境消息推送服务、生产内网移动作业、生产移动应用管理端 App、变电移动作业平台、故障报修抢修全过程管理应用系统、生产作业内网移动应用数据库发生 HA 双机切换。通信机房智能综合监控系统、内网移动应用平台生产环境消息推送服务数据库发生 HA 切换失败，其余数据库系统都成功切换至 HA 对端主机。

3.3.1.2 处理过程

平台组运维人员收到数据中心 B 和 C 中主机发生 HA 切换的 Tivoli 告警短信，立即开展应急处置工作，过程如下：

（1）平台组运维人员立即检查确认数据中心 B 和数据中心 C 主机上运行数据库的 HA 切换情况，发现通信机房智能综合监控系统、内网移动应用平台生产环境消息推送服务数据库服务未能正常切换成功。其中通信机房智能综合监控系统数据库无法正常对外提供连接服务，内网移动应用平台生产环境消息推送服务数据库无法正常启动。

（2）硬件维修工程师通过分析收集的设备报错日志，确认数据中心 A 中的 IBM P750 小型机有一块 CPU VRM 稳压模块损坏导致设备发生宕机，立即安排备件赶赴现场进行更换。

（3）平台组运维人员整改通信机房智能综合监控系统数据库的监听配置文件，数据库恢复正常对外提供连接服务。

（4）平台组运维人员调整内网移动应用平台生产环境消息推送服务数据库控制文件的存储位置，数据库恢复正常启动运行。

（5）硬件维修工程师完成故障 CPU VRM 稳压模块更换，小型机设备恢复正常运行。

（6）平台组运维人员将数据库从 HA 对端主机成功回切至数据中心 B 和数据中心 C 的主机上，经验证业务系统都恢复正常运行。

3.3.1.3 故障分析

1. 直接原因

（1）小型机宕机。此次 IBM P750 小型机发生宕机是由于某个位置的 CPU VRM 稳压模块发生损坏导致。IBM P750 小型机设备上的每一个 CPU 模块只有一个 VRM 稳压模块为其提供供电服务，CPU VRM 稳压模块属于非冗余设计。所以当一个 CPU VRM 稳压模块发生故障将直接导致设备整机宕机。故障错误图如图 3-18 所示。

（2）数据库 HA 切换失败。

1）通信机房智能综合监控系统数据库监听配置文件存在 HA 切换后无法正常运行的 BUG，导致数据库切换到 HA 对端主机后无法正常提供对外连接服务。

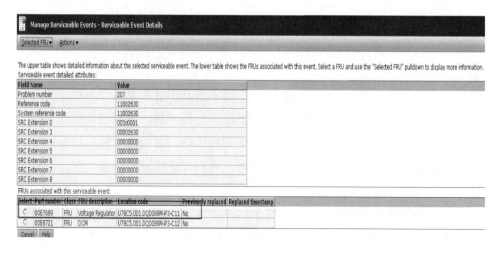

图 3-18　故障错误图

2）内网移动应用平台生产环境消息推送服务数据库的控制文件副本部署在 NAS 存储设备上，数据库主机宕机导致部署在 NAS 存储上的数据库控制文件被锁。数据库在 HA 对端主机上启动时无法对控制文件再加锁，最终造成数据库在 HA 对端主机无法正常启动。

2. 间接原因

数据库监听配置文件整改工作开展不到位。针对 Oracle 数据库监听配置文件存在 HA 切换后无法正常运行的 BUG，平台组运维人员已开展相关的整改治理工作。运维人员在没有开展测试工作的前提下盲目判断同名、同端口的数据库监听配置无需整改，所以未对通信机房智能综合监控系统数据库进行整改治理，存在治理工作开展不到位的问题。

3.3.1.4　整改措施

1. 排查治理 Oracle 数据库控制文件部署情况

对 Oracle 数据库控制文件部署存放位置进行全面排查，将部署在 NAS 存储上的控制文件副本全部迁移至本地。经排查发现目前仅有电子发票数据库的控制文件仍部署存放在 NAS 存储，待业务负责人确认停库检修窗口进行治理。

2. 排查治理 HA 架构下的 Oracle 数据库的监听配置

对 HA 架构下的 Oracle 数据库的监听配置文件进行全面排查，将仍尚未整改的数据库监听配置文件按照官方文档进行治理。经排查确认 HA 架构下的 Oracle 数据库监听配置文件目前已全部完成整改工作。

3.3.2 主机异常重启

3.3.2.1 案件描述

数据中心 A 中一主机于 1：41 发生异常重启，主机恢复正常运行后，数据中心 B 的营销基础数据库平台 Oracle 数据库无法正常启动。当天 9：23，营销基础数据库平台 Oracle 数据库恢复正常运行。

3.3.2.2 处理过程

（1）1：41，数据中心 A 中一主机发生异常重启。待主机恢复正常运行后，数据中心 B 中营销基础数据平台项目组 DBA 无法正常启动 Oracle 数据库。

（2）5：55，运维人员达到故障现场，经分析排查是由于 ASM 磁盘组挂载失败导致数据库无法正常启动。

（3）9：23，运维人员通过在主机端修正存储磁盘号恢复数据库正常运行。

3.3.2.3 故障分析

首先，运维人员对该主机的硬件运行状态进行全面检查，未发现故障问题。服务人员通过检查操作系统 dump 日志，发现主机于 1：41 发生 crash 重启，主机在重启前 1：40 发生过网络连接服务的中断现象。

其次，运维人员深度检查 Oracle 数据库日志文件，发现 1：40 由于主机网络连接中断导致 RAC 的 public network 网络失败，该主机与 RAC 对端节点通信失败。基于 RAC 集群技术的完整性保护机制，RAC 于 1：41 自动将主机进行强制重启，主机于 1：51 恢复正常运行。

数据库于 1：51 尝试自动启动，但由于该主机上的共享存储磁盘号与 RAC 对端节点不一致，导致主机上 Oracle ASM 无法正常启动，造成数据库启动失败。

运维人员检查主机上的共享存储 EMC power 盘的运行状态，发现主机重启后 EMC power 磁盘号会自动发生改变。主机当前使用的 EMC 多路径软件 powerpath 的版本为 5.5，经 EMC 三线工程师确认该版本 powerpath 在 solaris 操作系统运行环境下会导致 EMC power 磁盘号在每次主机重启后都发生改变。

3.3.2.4 整改措施

（1）经确认，故障当天网络组开展检修工作，重启主机上联网络交换机导致主机网络连接服务中断。基于 RAC 保护机制，主机自动强制重启。

（2）针对 EMC power 磁盘号在每次主机重启后都发生改变的现象问题，

EMC 工程师建议通过尝试停用 powerpath 多路径软件的 powerstartup 服务或者升级 powerpath 多路径软件版本至最新版本进行解决。关于上述解决方案 EMC 建议停用数据库后再进行操作，后期计划协调合适的检修窗口进行处置。

（3）研究多数据中心的运行和运维模式，解决多站融合数据中心下的业务故障快速定位。在分布式多数据中心环境中的应用场景中，针对故障定位诉求，建立分布式多中心的故障模型，研究分布式多中心环境中不同维度资源之间的异常关联预警，实现多个异常检测点的关系建立，可以辅助运维人员进行关联性的故障处置，避免单点维护造成的运行错误。

3.3.3　电源消缺检修

3.3.3.1　案件描述

平台组在开展小型机、存储设备深度巡检工作时，发现某机房 IBM P6 595 小型机有一个 CEC DCA 电源的运行状态存在异常，经运维厂商分析确认该电源需停机才可进行更换。本次设备停机更换电源检修计划从第二天 20：00 开始，计划检修时长共计 12h。

3.3.3.2　处理过程

本次设备停机更换电源检修从故障发生第二天 20：00 开始，历时共计 15h，超出计划检修时长 3h，主要原因为：

（1）为确保 HA 正常切换，需在切换之前停止数据库，但在停 ERP 的数据库 ecc 时，使用正常停数据库命令一直处在等待状态，在等待 1 个多小时后，仍然未停止成功，后使用命令强行停止 ecc 数据库。

（2）维修工程师将 A 位置的故障 CEC DCA 电源更换完成后，设备又产生新的错误信息，再次停机将 B 位置的 CEC DCA 电源进行更换，设备运行状态恢复正常。

（3）恢复 ERP 应用服务时，EP 模块的其中一个节点的服务启动后，其状态一直未显示正常（其他节点的服务都处于正常状态，不影响系统对外服务），后又经过一次重新启动该节点服务，在 10：40 左右启动成功。

检修具体时间如表 3-3 所示。

3.3.3.3　故障分析

工程师对 IBM P6 595 小型机进行深度健康检查，发现设备无法通过 readness check 验证检查。

表 3-3 检 修 时 间

检修实施内容	操作方	计划检修时间	计划耗时(min)	实际检修时间	实际耗时(min)	严重超时说明
停运ERP、财务管控应用服务	业务组	20：00~20：30	30	20：00~20：10	10	
人工停运ERP、财务管控数据库，加快数据库双机切换速度	平台组	20：30~20：45	15	20：10~21：10	60	在停ERP的数据库ecc时，使用正常停数据库命令db2stop force，发现一直处在等待状态，不能正常停止，在等待1个多小时后，仍然未停止成功，后使用db2＿kill命令强行停止ecc数据库，在执行db2＿kill命令后，数据库实例停止运行
将ERP、财务管控数据库通过双机切换至HA对端节点主机，检查确认切换成果	平台组	20：45~21：15	30	21：10~21：30	20	
启用ERP、财务管控应用服务并进行服务验证	业务组	21：15~22：45	90	21：30~22：35	65	
关闭IBM P6 595上的Lpar分区，并将设备进行poweroff关机	平台组	22：45~23：15	30	22：35~23：10	35	
停机更换CEC DCA电源，消除IBM P6 595故障隐患	维保厂商	23：15~2：15	180	23：10~3：35	265	维修工程师将A位置的故障CEC DCA电源更换完成后，设备又产生新的错误信息，根据分析意见，再次停机将B位置的CEC DCA电源进行更换，设备运行状态恢复正常

续表

检修实施内容	操作方	计划检修时间	计划耗时（min）	实际检修时间	实际耗时（min）	严重超时说明
启动 IBM P6 595 主机设备上的各个 Lpar 分区，并检查确认各个 Lpar 分区运行恢复正常	平台组	2：15～2：45	30	3：35～4：05	30	
将 ERP、财务管控数据库从 HA 对端节点主机回切至 IBM P6 595 主机，检查确认切换成果	平台组	2：45～3：15	30	4：05～4：40	35	
启用 ERP、财务管控应用服务并进行服务验证	业务组	3：15～4：45	90	4：40～11：00	380	ERP 的 ecc、EP、bw、pi 服务在 5：30 左右都启动完成并经过验证运行正常，但 EP 的其中一个节点的服务启动后，其状态一直未显示正常（由于 F5 中 EP 服务有多个节点，除该节点外其他节点的服务都处于正常状态，所以该节点异常不影响系统对外服务），后又经过一次重新启动该节点服务，在 10：40 左右其状态显示正常
应急回退	平台组	4：45～8：00	195	无	无	

　　经运维厂商分析设备底层运行日志文件，发现该设备 A 位置的 CEC DCA 电源状态异常，建议尽快进行更换。

　　主机设备未明确产生该位置 CEC DCA 电源损坏的具体报错信息，并且该 CEC DCA 电源指示灯显示正常，该部件处于非正常损坏状态，导致其无法在线更换。经运维厂商分析确认该 CEC DCA 电源部件必须停机更换。

3.3.3.4　整改措施

（1）针对 IBM P6 595 主机设备老化故障频发问题，计划待 ERP 系统完成平台迁移后开展该设备的下线腾退工作。

（2）针对 ERP 数据库 ecc 较长时间不能正常关闭的问题，计划进一步分析数据库运行日志查找原因，并进一步开展数据库切换演练检验数据库运行状态。

（3）针对 EP 服务启动慢问题，已新安装两个 EP 应用节点添加到 F5 pool 中投入运行，目前已运行一个月左右运行情况稳定，并正在安装第三个新 EP 节点，待确定新节点运行完全正常稳定后，对隐患节点做下线处理以彻底消除隐患。

4　多数据中心运维场景使用价值

多数据中心在使用时的各种典型场景，归根结底都是使用好多个数据中心资源，以业务应用的高可用保障为目标的，发挥"1＋1大于2"的集群效用。多数据中心在协同使用中，最具备代表性的使用价值可分为：一是资源的掌控能力得到极大的提升；二是异常风险的抵抗能力得到提升；三是管理能力可以水平扩展。这三个方面的价值提升分别对应了数据中心在使用中三个常见问题。

（1）数据中心基础资源运行的好但是业务应用总是出现问题，尤其是脱离应用所在数据中心很难排查数据中心外的影响，将维护使用的视角限制在了一定的数据中心范围内。并且，常见少数几个大型数据中心在使用时也因为各种原因造成人员、配置等配置不均衡，多数据中心之间缺乏有效协同造成管理的孤岛现象。

（2）数据中心本身就产生大量的运维数据，传统维护工作以故障处理为主，救火式的运维模式直接造成了在维护工作中对风险和异常的识别不足。在单独一个数据中心使用时常见这种现象，多数据中心时各中心依然存在这个现象，多数据中心较少协同运维数据进行关联性分析，对潜在风险很少提前处置。

（3）数据中心管理比较依赖于人力保障，技术范围涉及的比较多，大型数据中心具备较高的人力机型集中管理保障，中小型数据中心很难进行现场人员大量配置，同时管理多个数据中心的能力不足，经常出现一个新中心就要复制一个管理团队，运行成本居高不下。

4.1　价值一：全局资源监控能力

随着各行业信息系统的规模与复杂度不断增加，以及人工智能与机器学习技术的应用，业务系统不再只集中于一个数据中心，运维工作的重点也由专注于单一的运维对象或运行指标向系统整体状态评价与多指标联合分析预测方向发展，尤其是多个数据中心之间的资源整体组织监控。而目前流行的运维工具大都只专注于运维工作的某一方向，更是数据集中于某一数据中心内，缺少全面完备的整体评价分析能力。究其原因可归纳为以下两点：

（1）数据缺失并不全面，运维对象种类繁多从动环设备、主机设备、网络设备、存储设备到各种业务系统软件、工具软件，数据无法形成有效的多中心统一归集。

（2）多中心之间的指标孤立，缺少将不同类型指标进行联合分析的能力，不能形成统一的分析模型。

进行多数据中心融合使用，协同多数据中心的资源信息后，必然具备全局资源的监控能力，这种能力并不是数据具备归集和监控这种简单的概念，而是能够将多数据中心的数据按照一定的规则进行建模，以多数据中心整体承载的业务为最终目标进行保障监视。

4.1.1 构建多维度数据模型

在多数据中心之间构建统一的信息系统分析模型，为保证系统模型的有效性与整体性，在构建模型时应考虑多中心之间全部资源，从硬件到软件的所有相关指标，具体指标分类如图 4-1 所示。

在此数据分类的基础上，抽象出五个维度用于构建跨多个数据中心的业务系统分析模型，如图 4-2 所示。这五个维度之间互相关联相互作用，把系统的硬件、软件以及功能紧紧联系在一起，映射出系统整体概况。

（1）基础设施层。基础设施层对应机房的物理设备与动环环境，主要指标包括设备台账、机房温度、设备温度、设备异常告警、设备投运时长、主机功率、CPU 风扇转速、机房漏水、空调、烟雾等指标。主要从外在的物理层面反映系统硬件状态是否正常。

（2）物理链路层。物理链路层对应机房内 IT 设备的实际连接关系与设备运行指标以及设备运行日志，连接关系主要包含主机与交换机之间的连接关系，主机与负载均衡之间的连接关系，防火墙与交换机之间的连接关系，安全设备与交换机之间的连接关系，存储与交换机之间的连接关系等；指标主要包含 CPU、内存、I/O 的使用率，网络接口的延迟丢包率，存储的使用率与吞吐量等，日志主要对应主机、网络、存储及安全设备的运行日志。连接关系构成了机房设备之间的网络拓扑，指标则反映了硬件设备运行状态与资源利用率，同时日志记录了设备的异常与内在错误信息。通过该层可实现对系统设备运行状态的全量监控，可对运行状态异常的设备发出告警。

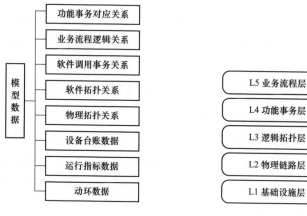

图 4-1　多维度数据归集　　　　图 4-2　数据归类五维度

（3）逻辑拓扑层。逻辑拓扑层实现了对软件连接关系与软件运行指标、日志的记录，软件连接关系主要包括业务系统中间件之间的连接关系，负载均衡与应用的连接关系，应用系统与数据库的连接关系，软件集群、数据库集群或RAC（Oracle）的连接关系；指标主要为应用系统工单量、业务量、数据库连接并发读写、中间件队列等指标；日志主要包含业中间件、数据库自身的日志，也包含用户打印的操作等日志。逻辑拓扑层主要记录了软件的运行状态与当前业务量。

由于业务拓扑层包含数据量较大，各模块软件、中间件间关系复杂，可按集群或功能服务进行逻辑划分为不同的切片，每个切片只包含单一的系统功能相关的设备与软件。切片具有高内聚低耦合的特点，在进行分析时，可看为一个独立的系统，从而减少运算的数据量与复杂度。

（4）功能事务层。功能事务层主要记录了系统间的调用关系以及 Apdex 指数，不同于逻辑拓扑层在建设时期各软件间的关系就已确定，当系统运行时不同模块、服务间的调用关系更为复杂，基本是无法通过人工梳理的方式进行统计，因此事务分析层主要记录了在系统运行时软件内的请求调用关系，主要包含请求的发起源信息、目的信息以及整个请求的用时等信息，同时还包括代码的调用栈信息以及 SQL 的执行信息。该层数据只能在系统运行时通过 APM 等工具去抓取，抓取到的每一次调用信息称为一个事务，事务的名称为调用发起的 URL 路径。通过统计多次调用的用时与用户的使用容忍度可计算出系统的 Apdex 指数用于反映系统的可用性。

（5）业务流程层。业务流程层主要记录了系统业务对应的功能项，以及业务流程间的依赖关系，每个功能都对应系统的一个菜单按钮，菜单按钮又对应该按钮访问的后台的 URL 路径。

4.1.2 多维度关联分析监控

五维模型将运维工作从最底层的物理硬件设备到最上层的功能菜单划分为五个层次，每一层的能力层层递进，最终构建了系统的整体模型，每层之间都有特定的连接方式，基础设施层与物理链路层通过设备编码、MAC 地址或 IP 进行关联；物理链路层与逻辑拓扑层通过 IP 或用户自定义的切片 ID 进行关联；逻辑拓扑层与事务分析层通过 IP 进行关联；功能事务层与业务流程层通过事务的名称进行关联。通过这些关联关系把五维分析模型的各层关联起来。根据层之间的递进关系，向下可以追踪到具体的运维对象与运行指标，可以用于故障的原因分析与预测，向上可以追溯到具体的功能与流程，可以用于故障的范围影响判断。

五维模型对每一层各自包含的数据进行独立分析同时也将各层级间的数据联合起来进行分析。各层级内的数据在分析时又分为基线指标分析与构建专家模型分析。基线指标分析，通过对各层内采集的指标设置固定或动态的阈值范围，当指标数据落在容忍区间之外的时候，触发告警动作。专家模型分析，一般是根据逻辑拓扑层内划分的切片的多指标联合构建，可以基于加权统计或机器学习进行分析计算，当统计得分或机器学习计算结果落在容忍区间之外触发告警。

在进行容忍区间的计算时，通过满意、容忍、烦躁三个区间来描述用户的感受，采样指标或得分，然后对采样的值进行分类，根据用户的感受进行划分，将其划分为满意、容忍、烦躁三类，容忍指数＝（1×满意样本＋0.5×容忍样本）÷样本总数进行计算，这样采样结果被量化为一个 0～1 的取值范围，根据范围值来综合评价系统当前的可用性。当系统可用性较低时系统发出告警，然后再通过向上或向下关联不同的层级对原因进行定位或对告警的范围进行预估。

根据容忍得分的计算，可以发现告警可以来自于一个对象或者多个对象的联合，当告警来自于一个对象时，通过综合分析不同层级中该对象的指标，例如在基础设施层查看该对象的温度、风扇转速设备状态指示灯等选项，判断问题是否出现在基础设施层。在物理链路层查看该设备的网络连通、端口丢包、CPU、I/O、内存等指标是否正常，结合设备的日志信息，判断问题的根因。对于单一设备的问题通过这两层即可分析故障的根因，再向上分析就是对故障可能的影响范围进行分析，可直接通过 IP 关联至事务层，通过事务 ID 关联至业务流程，从而统计出实际受影响的功能。对于多对象的联合问题，多对象的选择都是选择逻辑拓扑层内有直接或间接联系的对象，一般都是选着一个切片的对象，当发现多对象构建的模型得分落在烦躁区域内时，然后对切片内的对象指标进行分析，分析方式与单设备分析方式类似，通过发现切片内的得分瓶颈设备进行分析，但其与单一设备分析方式的不同之处在于，要分析切片内多设备的依赖于关联关系，如负载均衡、共享队列等因素。这是向下通过指标，日志等进行原因分析，向上进行影响范围分析。

4.2　价值二：异常风险抵抗能力

5G 应用创新在制造、医疗和娱乐等领域层出不穷，传统的集中式云计算数据中心是无法满足海量多样性数据接入处理要求的，数据处理模式面临挑战。业内逐步在距离用户足够近的位置，建设小型化的数据中心，作为数据的第一入口就近处理数据，实现与远端大型数据中心的协同运算，解决数据时延和就近服务的目的。因此，多数据中心是系统整个数据中心体系中重要的一部分，其最大的特征就是规模小、数量多，最需要无人值守进行运行维护。

多数据中心最常见的协同成效就是无人值守，或者是部分人员配置相互冗余。因此多数据中心协同的重要价值，就是对于无人值守的数据中心，可以有效协同稳定运行，让边缘计算发挥价值。其实无人值守和稳定运行本身是相互矛盾的，保持数据中心稳定运行最有效方法是运维人员时刻值守现场，但这种运维方式是低效且被动的。因此，进行多数据中心的协同使用，提升异常识别能力，掌握运行风险，就能提高运维人员运维效率，在一定程度上降低 IT 运维成本，提升维护准确率，从而保障边缘数据中心的持续稳定。

4.2.1 协同使用重在运行风险

多数据中心的风险预警，其目标是降低故障发生的概率，发挥无人值守的价值。只要不是不可抗因素造成的边缘站点故障，例如自然灾害或人为破坏等，在故障发生前，运行状态一定存在非正常变化，可以理解为亚健康状态。识别非正常运行状态是边缘站点风险预警的关键。传统集中的云数据中心风险预警，是以巡检和大量密集监控为基础的，其目标是时刻找到系统的告警，由大量现场运维工程师进行检修维护保障稳定性的，而边缘数据中心是不具备大量人员现场运维的，关注点不是各种监控系统提出的告警信息，而是在系统没有告警出现前，就发现其中的运行风险，通过精准的现场维护降低边缘数据中心的故障发生概率。因此，此处将边缘数据中心非正常运行状态分为异常、隐患、风险和故障四种，而不是传统 IT 系统的告警。

4.2.1.1 定义异常

无论多数据中心承载的是哪些信息化业务，运行状态的变化都是有规律可循的。同一运行状态指标在不同时间都有对应的置信上限和下限，如图 4-3 所示。如果监控到边缘的多数据中心某一项运行指标不在置信区间内，则标记这个状态为异常。图 4-3 表示的是某设备总负载全天状态变化曲线，其中，6：00～6：10 出现指标超出置信区间现象，则将这段时间该设备总负载运行状态标记为异常。但并不对业务产生影响，不需要派遣工程师去数据中心现场进行处置，而需要的是特别关注。

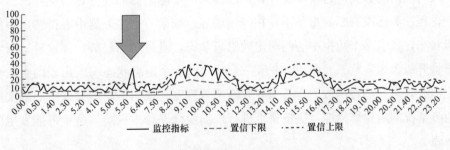

图 4-3　某设备总负载全天状态

传统 IT 系统的异常是直接被忽略的，因为人员是时刻在现场等待检修的，并不需要关注偶发性变化异常。

4.2.1.2　升级隐患

边缘的多数据中心的运行异常是可以被分析发现的，异常发生的原因主要有三个：①人为因素，比如业务人员处理临时操作，其特征是可知原因；②软件运行异常，是指在无人员干预的情况下，软件自身的运行状态出现异常，理论上会被记录在运行日志中，其特征是可知原因；③硬件运行异常，比如磁盘异常、内存异常、进程僵死、队列堵塞等，其特征是不知原因。这些异常的情况如果不进行多中心的协同使用，只能回归到单一数据中心的排除范围，很难进行全方位的异常排查。

综上可知，多数据中心站点运行发生异常时，要么是人员操作和软件自身调度造成的可知原因，要么是不被任何人掌握的未知原因。当发生可知原因的异常时，可将该异常视为突发情况，考虑是否需要更新置信区间；当发生不可知原因的异常时，这个异常状态应升级为隐患状态，并提取这个现象的特征函数，将对隐患状态的分析作为例行边缘站点维护时的重点工作。

传统 IT 系统在处理隐患时，主要针对 ITIL 中的问题管理内容，是处理已发现故障后的问题事件，是一个事件的闭环处置。多数据中心协同使用侧重在异常的升级，为的是指导有限数量的现场检修时进行针对性的巡检排查。因此多数据中心协同使用要将日常重点放在异常发现后的升级工作中，是整体协同发现的升级，不仅限于某一个数据中心本身的隐患发现。

4.2.1.3　关注风险

将多数据中心关联的所有数据进行联动，提取出的运行隐患特征函数，对一段时间内的数据进行聚类统计，可以得到一个隐患的周期变化情况，以这个变化程度为标准判断隐患是不是在持续增加。如果一个多数据中心持续出现隐患状态，或者多个数据中心同时出现隐患状态，且呈增加趋势，那这种运行状态将升级为风险状态。图 4-4 表示一个月内同一个隐患状态每天出现的次数变化曲线，求其趋势函数，通过斜率判断严重程度。根据不同多数据中心的实际业务情况制定检修标准，决定是否进行现场检修来排查风险，避免可能发生的故障。

传统 IT 系统的风险识别，主要是通过监控阈值的设置，当某些参数达到阈值区间时提升存在运行风险，这里的阈值或来自机器学习的动态结果，或来自于工程师的运维经验。多数据中心具备多样本的优势，不限于一个数据中心内的状态数据分析，整体隐患是考察前述异常和隐患的变化规律，不依赖于监控阈值，目的还是让有限的现场检修更有针对性。

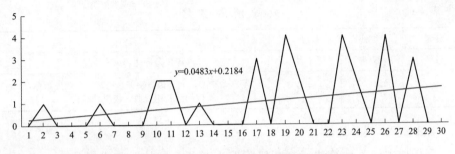

图 4-4　运行风险示意图

4.2.1.4　发现故障

故障是已经对多数据中心运行业务造成影响的事件，例如无法进行网络通信、无法进行业务计算或系统响应时间变长等，判断故障的唯一标准是已经影响站点业务的执行。非突发风险无论有多大概率引起故障，只要不发生故障，也只能定义为是一种可能性。故障一旦发生，就不存在概率的问题了，已经是事件而不是可能，非突发原因的故障是既成的事实。因此，风险和故障之间是缺少直接关联的。多数据中心的风险与故障的预警是要有所区分的，风险可以随着概率递进预警，要升级为故障状态，就需要对多数据中心整体的预警进行业务关联。

传统 IT 系统的故障预警是来自已有系统运行日志中的 ERROR，或来自关键业务指标的消失，是具备本地快速处置条件的。多数据中心不能随时现场检修，必须在可能发生故障前进行预警，而不是故障发生后的故障告警。因此，多数据中心协同可以通过多中心的风险对故障进行综合预判，而不再等着 ERROR 出现。

4.2.2　协同环境故障预警方法

故障是与多数据中心内业务直接产生关联的，因此故障预警需结合多中心的业务状态进行程度判断，具体的故障风险预警方法可以归纳为"定义变量""预警统计""针对处置"的三步骤。

4.2.2.1　定义变量

不同数据中心会运行不同的业务应用，多个数据中心也会运行同一个业务应用，故障的发生与业务使用本身是直接关联的，因此预警故障是否可能发生，就要判别风险与业务的关联性，其判断取值参考见表4-1。

表4-1   故 障 预 警 变 量

变量	类别	长度	解释
Dr	数组	近1月	高级风险标注的风险曲线
Ds	数组	近1月	与多个中心内业务最直接关系的某几个业务指标，例如活跃用户数、相应时间等

4.2.2.2 预警统计

采用样本相关性算法，判断风险发生时最关键的业务指标是否也发生变化，即判断已标注的风险在一定周期内是否会对业务关键指标造成影响，相关性计算公式如下

$$R = \frac{Cov(Dr, Ds)}{\sqrt{D(Dr)} \times \sqrt{D(Ds)}}$$

式中　　　　　R——风险与业务关键指标的相关系数；

$Cov(Dr, Ds)$——风险序列和关键业务指标序列的协方差，计算两个变量的总体误差；

$D(Dr)$——风险序列的标准差；

$D(Ds)$——关键业务指标序列的标准差。

计算得出的相关性系数R，直接反映关键业务指标是否已经受到了风险的影响。相关性分为正相关和负相关，二者都表明业务受到影响，因此这里不对正负相关性进行判别。根据相关系数绝对值的取值进行故障预警，判断标准参考见表4-2。

表4-2   故 障 预 警 判 别

|R|区间	故障预警级别	解释
[0, 0.3)	低	业务故障不确定发生
[0.3, 0.7]	中	业务故障高概率发生
(0.7, 1]	高	业务故障随时发生

特别强调，在多数据中心协同使用时，这里的风险和业务指标是不限于一个数据中心的，作为一个整体进行内相关判断，才是预警抵抗运行风险的价值

所在。

4.2.2.3 针对处置

多数据中心主要是无人值守状态，有限次数的现场检修和巡检，必须有针对性，按照风险预警的递进规律进行处置。

（1）主动发起边缘处置。当统计发现存在故障预警级别为高、中状态时，应该主动派遣工程师去对应数据中心进行检修操作，针对性地降低边缘站点业务的故障概率，避免影响业务后的被动现场强险。

（2）巡检时的重点处置。当故障预警级别为低时，只需要在例行现场巡检时，重点关注风险预警、隐患预警中被标注的现象，针对性地进行检修。

（3）无人值守时的处置。当整体只有异常预警时，只需要将异常标注出来的内容进行远程观察与解释，不需要进行现场排查，减少人员成本。

4.3 价值三：资源水平管理能力

多数据中心的协同可以带来资源的水平管理能力提升，这里的水平管理是指资源管理不再局限于一个数据中心内，而是将多个中心资源作为一个协同的整体进行管理，打破多数据中心之间的物理界限，实现数据中心可以不断水平扩展的模式，达到新的数据中心简单方便地纳入集群。多数据中心的协同计算机制和数据交互机制、核心云数据中心端及分布式多数据中心端，可以基于图数据库关系建模，将多中心资源的细项进行全图谱化，让承载业务的资源不会因为空间隔离而造成资源管理复杂。

4.3.1 资源智能协同

多数据中心资源的智能协同，其中核心数据中心负责管理和监控分布式数据中心以及本数据中心资源，协调各平台之间资源的协同分配以完成用户的需求，各分布式数据中心对本数据中心算资源进行独立管理和监控，负责处理具体的存储和计算任务，各平台之间通过主干网络互相连接。

智能协同机制主要提供基础设施服务，并满足分布式多数据中心架构下的计算资源协同管理需求。基于大数据分布式数据中心的设计思想，位于不同地理位置的分布式数据中心，可以满足本地用户实时的服务请求。核心数据中心平台和各分布式数据中心通过内外网进行服务的交互，各分布式数据中心子网隔离的机制保证了各数据中心资源的安全网络隔离。资源协同管理技术，可管理和维护所有数据中心的计算资源信息和数据信息。分布式数据中心资源注册和接入认证，实现分布式数据中心计算资源协同管理。多数据中心协同注册、计算资源分配策略机制，实现用户智能获取计算资源，多数据中心资源的协同计算分配，提高计算资源协同服务的实时性。人工智能技术可以在数据中心状态协同中，实现各个数据中心资源的使用情况实时同步，满足用户所提出的各种计算资源需求。

4.3.2　数据智能同步

多数据中心的数据同步类型，因应用业务环境不同而分为结构化数据同步、非结构化数据同步，根据同步时间分为双向同步类型、慢同步类型、单向同步、端刷新同步和服务器端刷新同步。面向多站融合数据中心资源分配、调度、同步数据业务规则，可以实现从不同业务确定合适的数据同步。

智能数据同步的前提和基础是对差异数据的捕获。应用基于更新日志的数据同步法，同步事务技术实现基于事务更新以及回滚数据。鉴于某些更新操作存在内在的关联，一旦同步过程中有错误发生，单纯回退或撤销某个操作，可能对无法预测范围中的数据产生影响，导致数据不一致，致使同步失败，可把事务作为基本单位，提高了同步的安全性和成功率。在数据同步过程中，发布用户和订阅用户分别采用 TCP 和 HTTP 传输协议，同时研究冲突检测与避免机制，确保同步过程中传输数据的完整性与正确性。

多数据中心的面向多站融合业务规则的发布/订阅数据传输模型可以被建立起来。该模型面向多数据中心基于发布/订阅通信模式，根据消息类型进行分组，将应用发布/订阅请求消息、数据同步请求消息等请求类消息分为一组，将发布/订阅请求的应答消息等应答类消息分为一组，将数据传输消息和同步结果反馈消息等数据传输相关类消息作为一组，而数据传输相关类消息都采用组代理机制发送，使得应用服务的发布与订阅更加高效规范，数据传输更加安全可靠。

4.3.3　关系智能管理

核心的云数据中心端及分布式多数据中心端构建图谱关系。将根据多数据中心协同业务特征和应用场合将数据分为 3 类：

（1）数据中数据对象具有较少的属性，并且对象间联系较少的低密度图，如数据中心硬件资源台账信息；

（2）数据对象属性较多，但对象间互相独立，即图中不包含环的中等密度图，如数据中心设备状态信息；

（3）几乎所有数据对象均处在一个或多个环上，对象属性较多的大密度图，如数据中心资源使用状态信息。

在多数据中心智能管理中，可以分别使用 RDF 资源描述框架、TLGM 数据模型和 XML 语言对大规模图的关联性特征信息进行形式化表示。图数据的分割和索引技术应用后，广度优先（BFS）和 KL/FM 算法对图进行启发式分割，使用 Hash＋特征树进行图的索引，并在 Hadoop 框架中使用 key-value 型数据库对图数据进行存储。

核心云数据中心端及分布式数据中心端图数据多级存储也是重要的管理能力体现。对于多数据中心海量待分析数据，在多数据中心环境下，首先面临的问题就是如何将数据比较均匀地分配到不同数据中心的多级存储问题上。对于非分布式数据来说，这个问题解决起来往往比较直观，因为记录之间独立无关联，所以对数据切分算法没有特别约束，只要机器负载尽可能均衡即可。由于分布式数据记录之间的强耦合性，如果数据分片不合理，不仅会造成机器之间负载不均衡，还会大量增加机器之间的网络通信，再考虑到分布式挖掘算法往往具有多轮迭代运行的特性，这样会明显放大数据切片不合理的影响，严重拖慢系统整体的运行效率，所以合理切分数据对于资源优化、利用率分析等应用的运行效率来说非常重要。

多数据中心时，衡量数据切片是否合理主要考虑两个因素：机器负载均衡以及网络通信总量。如果单独考虑机器负载均衡，那么最好是将数据尽可能平均地分配到各个服务器上，但是这样不能保证网络通信总量是尽可能少的，负载比较均衡，但是网络通信较多；如果单独考虑网络通信，那么可以将密集连通子图的所有节点尽可能放到同一台机器上，这样就有效地减少了网络通信量，但是这样很难做到机器之间的负载均衡，某个较大的密集连通子图会导致某台机器高负载。所以，合理的切片方式需要在这两个因素之间找到一个较稳妥的均衡点，以期系统整体性能最优。多数据中心图谱化以后，采用切边法、切点法、深度 BMS 算法、KL/FM 算法，根据实际使用需求和算法测试性能结果设计最终多级存储方案，实现数据均衡处理，解决海量数据的数据多级存储问题。

5 多数据中心活动和技术

5.1 云计算在多数据中心中的资源应用

从狭义的角度上看，云计算是为用户提供资源的网络，使用者可按需使用云上的资源。从广义的角度上看，云计算通过整合多种资源形成资源共享池，从而提供信息技术、软件与互联网相关的服务。相较于传统网络应用模式，云计算具有低成本、高性能以及高可扩展性等特点。在多数据中心中，云计算的众多关键技术都与资源的定义、管理、监控以及抽象功能密切相关。换而言之，云计算在多数据中心中与资源协同机制无法分离，同时，多数据中心的应用也无法离开云计算对其提供的资源支持。此处从虚拟化技术、资源管理与调度、数据中心服务化三个角度阐述云计算在多数据中心中的资源应用。

5.1.1 虚拟化技术

20 世纪 60 年代，IBM 在大型机系统中提出虚拟化概念，该概念代指将机器的资源在逻辑上划分给不同的应用程序；通过对单一资源的逻辑划分，IBM大型机能够执行多个应用程序。随着云计算技术的发展，虚拟化技术逐渐演化为对计算、存储、网络等资源的抽象与重新管理。换而言之，虚拟化技术的关键在于对上述硬件资源的抽象，并且通过提供资源使用接口等方式为用户屏蔽资源使用细节。因此，此处主要探讨硬件资源中 CPU 虚拟化、内存虚拟化以及 I/O 虚拟化技术。虚拟化系统架构示意图见图 5-1。

图 5-1 最底层为宿主机提供的硬件资源，包括 CPU、内存、存储以及网络等资源；往上一层为虚拟机监控器，该层直接与底层物理资源进行交互，将宿主机的资源进行抽象后以满足上层虚拟机的资源需求，同时还需保证不同虚拟机资源的隔离性；最上层为虚拟机层，包含抽象化的虚拟机硬件以及客户机操作系统。其中，抽象化的虚拟机硬件主要指由虚拟机监控器虚拟化的抽象硬

件，它可能是虚拟机监控层模拟的真实设备，也可能是生产环境中并不存在的设备。此外，虚拟机层还包含客户机操作系统；通过虚拟机监控器的隔离机制，每个虚拟机在逻辑上独占一个操作系统，同时拥有一个独立的运行环境。

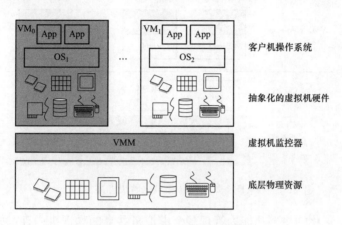

图 5-1 虚拟化系统架构示意图

CPU 虚拟化的核心问题在于保证虚拟机发出 CPU 指令具有隔离性。对于由同一个主机虚拟化而成的多个虚拟机，某个虚拟机发出的 CPU 指令不能影响到其他虚拟机的正常执行，也不能影响虚拟机监控器内核的运行。上述功能的实现依靠虚拟机监控器重新翻译来自虚拟机的指令，从而将在整个主机上执行的指令翻译为在特定虚拟机上执行。

图 5-2 以 Intel VT-x 为例，阐述了与二进制翻译相关的 CPU 虚拟化解决方案，该方案的关键在于引入硬件虚拟化技术——VT-x。除二进制动态翻译技术以外，VT-x 可通过硬件途径对某些特权指令的操作权限进行限制。虽然 VT-x 技术允许虚拟机直接执行 CPU 的指令集，但虚拟机在执行特权指令时会产生中断，虚拟机监控器可在虚拟机被中断挂起时获取该特权指令，并模仿该虚拟机的所有状态执行特权指令；在指令执行完毕后，虚拟机监控器会恢复调用该特权指令的虚拟机。

图 5-2 显示了 VT-x 技术的两种操作模式：VMX 根模式与 VMX 非根模式，前者表示虚拟机监控器所处模式，后者表示虚拟机所处模式。图中显示，两种模式均按照 Ring0～3 划分了运行级别，用于重新定义所有敏感指令。非根模式下敏感指令的执行会触发虚拟机向根模式进行转换。虚拟机从根模式与非根模式相互切换的操作被定义为 VM-Entry 与 VM-Exit，而这两项操作通过

虚拟机控制结构（VMCS）保存 CPU 的状态信息。最后，图 5-2 显示的 VM-Launch/VMResume 命令用于虚拟机监控器调度虚拟机。

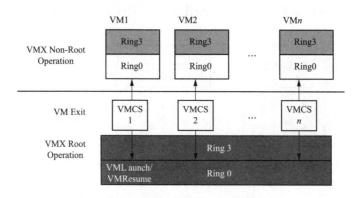

图 5-2　CPU 虚拟化解决方案

内存虚拟化的主要功能为管理多个虚拟机共享的物理机内存，并协调多个虚拟机内存的动态分配。图 5-3 展示了内存虚拟化中三层内存的映射关系。其中，GVA 为虚拟机虚拟地址，即为虚拟机运行的应用程序所使用的虚拟地址；GPA 为虚拟机物理地址，为虚拟机虚拟地址到应用所在的机器物理地址的映射，这里的机器指虚拟机，而不是虚拟机所在的物理机；HPA 则表示真正的物理机物理地址。为了保证同一台物理机上能够运行多台虚拟机，虚拟机监控实现了对上述三种地址的映射与转换。

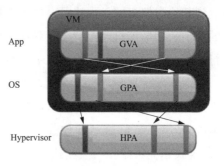

图 5-3　虚拟化技术的内存映射关系

虚拟机监控器使用影子页表技术实现上述地址的映射。图 5-4 显示了影子列表维持的内存映射关系。虚拟机监控器为每个虚拟机的主页表维护一个影子列表用于记录图 5-3 中 GVA 与 HPA 之间的映射关系。其中，GVA 到 HPA 的映射关系包含 GVA 到 GPA 的映射关系与 GPA 到 HPA 的映射关系。由于虚拟机操作系统维护了包含 GVA 到 GPA 映射关系的页表，因此虚拟机监控器可从该页表中获取映射信息；而 GPA 到 HPA 的映射关系由虚拟机监控器本身维护。上述使用二级映射方式的影子页表技术实现了虚拟机虚拟地址到物理机物理地址的映射，并对虚拟机的内存边界进行了限制。此外，对影子列表进行缓存可大大提高虚拟地址到物理地址的映射速度。

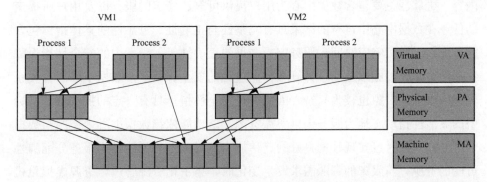

图 5-4 影子页表映射内存示意图

　　此处将在最后一部分内容中介绍虚拟化技术的 I/O 虚拟化。随着 CPU 计算能力的增强，I/O 逐渐成为系统的性能瓶颈。尽管可通过为物理机安装更多的 I/O 设备解决 I/O 面临的瓶颈问题，但物理机的插槽上限影响了 I/O 性能的可扩展性，因此需采取一种全新的方式简化 I/O 设备的管理，并提高 I/O 设备的资源利用率。为了解决上述问题，I/O 虚拟化应运而生，其目标在于解耦物理设备与逻辑设备，从而实现虚拟机无缝地在各个虚拟化平台间迁移。

　　图 5-5 展示了 I/O 虚拟化技术——Hypervisor 架构，主要包含客户端驱动程序、虚拟设备、I/O 协议栈、设备驱动以及物理设备。在 Hypervisor 架构中，虚拟机监控器在虚拟设备中模拟 I/O 设备的所有接口，I/O 协议栈负责将虚拟机的端口 I/O 地址映射到物理机的地址空间。当虚拟机执行 I/O 操作时，虚拟机监控器将多个虚拟机的 I/O 请求按照优先级转发给物理设备驱动程序。在该架构中，虚拟设备与物理设备在逻辑上分离，虚拟机可无缝地在多个虚拟机平台（物理机）之间进行迁移。

5.1.2　资源管理与调度

　　2.2 提及的资源协同问题涉及多数据中心的资源管理与调度问题，类似地，此处将探讨云计算中资源管理与调度技术在多数据中心的应用，具体方式为从资源管理评价指标、资源管理主要策略以及资源管理对外的服务接口三个角度对

图 5-5　Hypervisor
　　　　架构

资源管理与调度技术进行分析。

（1）资源管理评价指标包含可靠性、安全性、灵活性、弹性以及自动化等内容。可靠性主要包含数据中心为用户提供可靠、稳定的服务以及用户所提交的任务在数据中心中运行的结果具有完整性与正确性。可靠性的具体指标包含服务连续时常、响应时间、服务完成结果的正确性等。指标中的安全性指保障数据中心基础设施以及用户计算和存储过程的安全。由于多数据中心层次关系较多，管理的对象也较为复杂，因此满足安全性指标具有一定的挑战性。指标中的灵活性指动态地为服务提供所需资源，该功能依赖数据中心中控制与数据管理分离，同时可实现数据良好的迁移能力。指标中的弹性指为服务分配弹性可变的资源，当服务的资源需求发生变化时，集中化资源管理与资源虚拟化机制可实现资源的按需使用。指标中的自动化指数据中心中资源管理与调度这一过程需满足自动化这一目标，从而提高资源使用效率。

（2）资源管理的主要策略包含资源感知、高可用性集群以及负载均衡等方式。当设备接入数据中心时，数据中心应当对其进行感知，图 5-6 展示了资源自动感知示意图，大致过程为资源管理服务器通过与设备驱动进行交互实现资源感知。首先，设备驱动将设备相关的资源信息通过高速消息总线发送至资源管理服务器；然后，资源管理服务器对该信息进行检查与存储，并将相关设备的资源添加至资源池中；而后，资源服务器通过轮询等方式查询设备资源的使用情况；最后，资源管理服务器屏蔽用户使用资源的细节，为上层提供资源管理相关 API。

图 5-6　资源自动感知示意图

资源管理的另一主要策略为高可用性集群，其工作示意图如图 5-7 所示，该策略的关键在于使用备用节点处理主节点故障，保证节点服务的连续性。图 5-7 展示的为两节点高可用性集群。当集群通过公共网络正常为用户提供服务时，仅有一个服务器被激活，该服务器被称为主节点，除主节点外的另一节点被称为备用节点，主节点与备用节点通过专用网络对硬件资源的状态进行控制；当主节点出现故障时，备用节点被启用。由于备用节点与主节点进行同步备份，因此在主节点恢复之前为用户提供连续的数据服务。

资源管理还包含另一项至关重要的策略——负载均衡。从用户的角度上看，数据中心的资源池可被无限使用，然而，实际上，数据中心管理的硬件资源往往是有限的。因此，数据中心的资源管理模块应根据服务请求的优先级为其合理分配资源，进而实现不同硬件资源的负载均衡。目前的生产环境中存在各种负载均衡方法，图 5-8 展示了 AWS 的负载均衡原理，即弹性负载均衡（ELB）。当用户对 AWS 网络的服务发送请求时，AWS 通过弹性负载均衡机制将用户的服务请求分发到各个地点的节点上。通过弹性负载均衡机制，AWS 可实现对多个所在地资源的平衡管理。

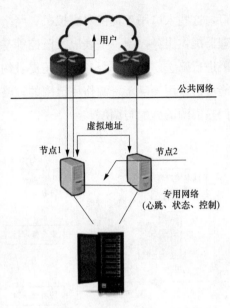

图 5-7　高可用性集群示意图

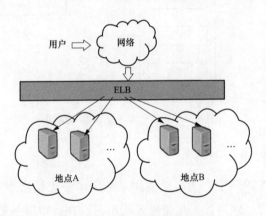

图 5-8　AWS 负载均衡示意图

（3）对外提供服务接口是资源管理与调度机制中与用户最相关的一部分。分布式管理特别工作组（Distributed Management Task Force，DMTF）提出了云管理架构设计方案，其中包含对外服务接口相关设计与规范。图 5-9 展示了 DMTF 服务管理参考架构，在该架构中，云服务供应商（Cloud Service Provider，CSP）接口提供了服务管理器、安全管理器以及服务目录的访问入口，这些入口用于提供对虚拟机、网络以及应用等服务对象进行操作。服务管理器提供服务控制、报表以及监控等基础功能，这些功能需要对用户的访问权限进行筛选。此外，服务管理还提供约束、规则和策略等资源控制功能，该功能可形成用于确定资源作用范围的策略集，底层云基础设施可根据形成的策略调整资源的分配与调度。

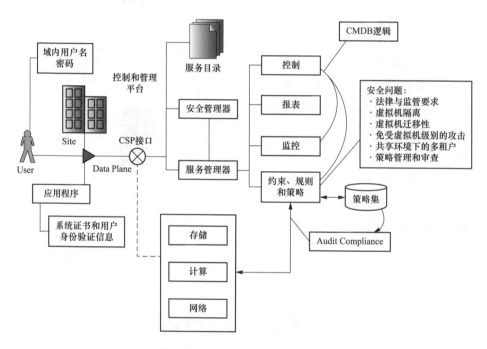

图 5-9　DMTF 服务管理参考架构

5.1.3　数据中心服务化

随着云计算在数据中心的广泛使用，数据中心正朝着服务化的趋势发展。云计算技术可通过互联网接入存储或者利用运行在远程服务器的应用为用户提供服务，云计算的服务模式主要包含基础设施即服务（Infrastructure as a Service，IaaS）、平台即服务（Platform as a Service，PaaS）以及软件即服务（Software as a Service，SaaS）。

IaaS 层位于云计算服务的最底层，此类支撑平台向用户提供虚拟机（VM）、虚拟存储和虚拟网络等基础设施。现有开源软件支持的 IaaS 体系结构主要可分为两种，一种是以 OpenNebula、Nimbus 和 ECP 等开源软件为代表的两层体系结构，如图 5-10 所示；另外一种是以 Eucalyptus 和 Xen Cloud 等开源软件为代表的三层体系结构，如图 5-11 所示。

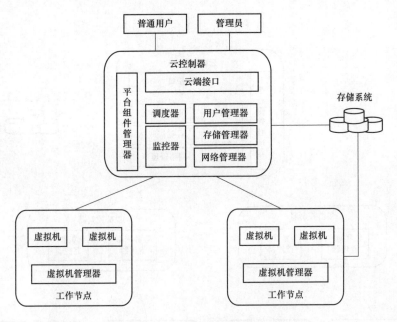

图 5-10 IaaS 两层体系架构

两层体系结构分为控制层和工作节点层，其中控制层由云控制器和存储系统构成，工作节点层由一系列的工作节点构成。云控制器是客户端与云计算平台通信的接口，对整个平台的工作节点实施调度管理，其组件大致包括云端接口、平台组件管理器、调度器、监控器、用户管理器、存储管理器和网络管理器。存储系统用于存储平台中所用到的映像文件。客户端（用户和云计算平台管理员）可以通过命令行和浏览器接口访问云计算平台。云端接口将来自客户端的命令转换成整个平台统一识别的模式。平台组件管理器管理整个平台的组件。监控器负责监控各个工作节点上资源的使用情况，为调度器调度工作节点和平台实施负载均衡提供参考。用户管理器对用户身份进行认证和管理。存储管理器与具体的存储系统相连，用于管理整个平台的映像、快照和虚拟磁盘映像文件。网络管理器负责整个云计算平台里的虚拟网络的管理，包括 VLAN 和 VPN 等。工作节点上运行虚拟机管理器（VMM，如 VMware、XEN 和 KVM 等），用户可以在这些 VMM 上部署 VM 实例，并在 VM 上建立软件环境和应用。同时平台可以通过 VMM 来管理 VM 实例，如 VM 的挂起和迁移等。通过使用 VM，用户便可以享受到云计算平台所提供的基础设施服务。

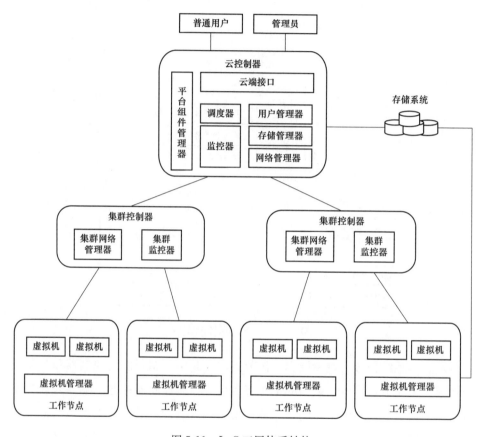

图 5-11 IaaS 三层体系结构

单从体系结构图来看，三层体系结构与两层体系结构的主要区别是增加了一个集群控制节点中间层，该层的作用主要有三个方面：控制相应集群中的网络管理情况、监控该集群中节点的资源使用情况以及充当路由器的功能。从功能角度来看，相对于两层体系结构而言，三层体系结构具有更好的扩展性。在两层体系结构中，云控制器直接管理工作节点，这种直接管理方式使得云控制器对 VM 的部署速度更快。在三层体系结构中，由集群控制节点与工作节点直接通信，工作节点通过集群控制节点与云控制器进行通信，云控制器通过中间层集群控制节点来负责对工作节点的调度，这样缓解了云控制器的开销，增强了整个平台的扩展性。

PaaS 提供对操作系统和相关服务的访问。它让用户能够使用提供商支持的编程语言和工具把应用程序部署到云中。用户不必管理或控制底层基础架构，而是控制部署的应用程序并在一定程度上控制应用程序驻留环境的配置。PaaS 的提供者包括 Google App Engine、Windows Azure、Force.com、Heroku 等。中小型企业适合使用 PaaS，从而关注于业务而减少底层管理的开销。

图 5-12 显示了 PaaS 的基础架构，两个主要成分是计算平台和服务，服务也称为解决方案堆。按照最简单的形式，计算平台是指一个可以一致地启动软件的场所（只要代码满足平台的标准）。平台的常见示例包括 Windows、Apple Mac OS X 和 Linux 操作系统；用于移动计算的 Google Android、Windows Mobile 和 Apple iOS；以及作为软件框架的 Adobe AIR 和 Microsoft.NET Framework。解决方案堆则由应用程序组成，这些应用程序有助于开发过程和应用程序部署。这些应用程序是指操作系统、运行时环境、源代码控制存储库和必需的所有其他中间件。通过 PaaS 这种模式，用户可以在一个提供 SDK（Software Development Kit，软件开发工具包）、文档、测试环境和部署环境等在内的开发平台上非常方便地编写和部署应用，而且不论是在部署，还是在运行的时候，用户都无需为服务器、操作系统、网络和存储等资源的运维而操心，这些繁琐的工作都由 PaaS 云供应商负责。并且 PaaS 的整合率较高，比如一台运行 Google App Engine 的服务器能够支撑成千上万的应用。

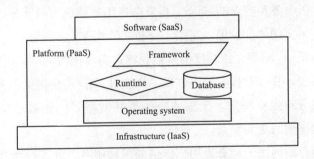

图 5-12　PaaS 基础架构

SaaS 旨在利用云计算资源为用户提供已成型且可用的组合软件服务，例如，SAP 的 ERP 系统，谷歌提供的 Gmail、Google Doc 等服务。用户可以直接进行按需注册使用。SaaS 所提供的软件服务实际上包含应用功能（数据操作）与数据存储。因此存在着两种对 SaaS 模型架构的划分方式：①应用与数据库在多租户下对应关系而言的分类方式；②按应用业务管理耦合粒度的分类方式。

正是由于 SaaS 将已有的软件服务提供给不同用户，以致在模型架构上因多租户使用应用功能和数据库的方式不同可分为以下多种模式：

（1）Standalone 模式：每个用户独立使用应用实例和数据库，即 SaaS 为多租户开启多软件实例，具有较好的隔离性，但扩展性不好，无法应对峰值请求；

（2）单应用多租户多数据库模式：SaaS 只存在一个应用实例，能够服务于多租户，但是不同租户所使用的数据库均独立。该模式下多租户隔离性较好，可扩放性相对 Standalone 模式更为优秀，峰值应对能力相对较差；

（3）单应用多租户共享数据库模式：SaaS 的单应用实例服务多用户，但是多租户的数据库在使用模式上为共享。可以是所有租户共享一个数据库，也可以是部分租户共享一个数据库。虽然能够较好地应对峰值请求，在多租户之间共享数据库资源，但是租户之间的隔离性就较差；

（4）混合模式：SaaS 提供上述三种模式的混合，以应对多样化的软件业务租用需求。

可按照应用业务管理耦合粒度将 SaaS 划分为以下模式：

（1）烟囱式 SaaS：每个软件服务独立开发和管理，紧耦合，缺乏扩放性，需全栈管理；

（2）基于微服务和容器的 SaaS：将复杂应用解耦成为微服务，进行基于容器化的微服务多实例调度管理，适用于分布式数据库；

（3）Serverless SaaS：细粒度的解耦，将逻辑转化为 lambda 函数表达，不需关心底层系统，直接对接存储，并以 API 的形式向租户提供服务。不适用于数据划分（或分布式）场景，无法适应于高并发场景。函数逻辑间无共享状态，这使得程序编写更为复杂。

此处简要介绍而来云计算为用户提供的三种服务，并简要阐述了上述服务的原理。在 IaaS、PaaS 以及 SaaS 的影响下，多数据中心逐渐趋于服务化，这使得其资源管理与分配变得更加节能与高效。

5.2　容器技术在多数据中心中的协同应用

容器一词源自英文中的 Linux Container，指可以被快速部署的标准化的软件包，通过将软件封装在标准化的软件包中，用户可以方便的在不同位置和不同环境下使用这些标准软件，这如同船运集装箱，相同的集装箱可以直接从船上转移到火车或卡车上而无需卸货，集装箱中的物品无关紧要，这也是 Container 一词的来源。

容器的特点是轻量化、部署快、易移植和可伸缩。

（1）轻量化是指容器中打包的软件的体积小，通常只包含运行时必要的可执行文件以及相关的库文件，同时也指容器在运行时消耗的资源较少，这里的较少是与虚拟机比较，每个虚拟机在运行时都需要运行完整的操作系统，多个虚拟机同时运行时会产生较大的额外开销，容器是一种在内核中运行的技术，容器的进程直接运行在宿主操作系统中，通过宿主操作系统的资源隔离为容器提供资源隔离，不需要从操作系统，因而可以节省大量磁盘空间以及其他系统资源。

（2）部署快是指相对于虚拟机的部署过程，容器具有秒级甚至毫秒级部署的特点，虚拟机的部署过程需要启动一个完整的操作系统，并在启动的完整操作系统基础上运行用户需要的程序，完整的操作系统会在启动时带来额外的代价，使得虚拟机的启动速度较慢。

（3）易移植是指容器技术能够实现一次构建随处部署，由于容器将需要运行软件打包进标准化的软件包，在运行时只需要在支持容器的机器上运行软件包即可。

（4）可伸缩则是伴随着上述几个特点产生的，由于容器运行时轻量，部署很快，并且易移植，容器编排工具可以方便的实现在宿主机上增加，删除或者移动一个容器，即容器具有很好的弹性伸缩的特点。

由于容器的这些特点，集群中的容器需要由一个容器编排工具进行高效管理，容器编排工具控制了集群中的容器的部署，是容器协同中的关键架构。而在多数据中心的场景中又会存在多个集群，单集群的容器协同以及多集群的协同编排是目前研究的热点。

5.2.1 单集群的容器管理方案

容器协同需要解决容器的置备与部署、配置与调度、容器可用性、容器的弹性伸缩、流量路由、运行状态监控以及容器间的隔离等问题，提供这些功能的工具称为容器编排工具。目前常用的单集群容器编排工具有 Kubernetes[2]、Docker Swarm（简称 Swarm）和 Apache Mesos[4]（简称 Mesos）。

（1）Kubernetes 由 Master 控制集群中的所有节点，这里的节点既可以是一个虚拟机，也可以是物理机器。Kubernetes 以 Pod 作为运行容器的单位，每个 Pod 负责管理运行其中的一个或一组容器。每个节点上包括 Kubelet、Container Runtime 和 Kube-proxy 组件，分别被用来将节点注册到 Master 并于 Master 通信、提供 Pod 的运行环境以及代理节点上的容器间网络。对于同节点上的同一 Pod 的不同容器，由于 Pod 内部的容器是共享网络空间的，所以直接可以使用 localhost 进行互相访问；而对于同节点上的不同 Pod 中的不同容器，Kubernetes 通过 Docker 服务启动时默认建立的网桥方式进行通信。在节点间不同 Pod 的不同容器的通信方面，Kubernetes 要求使用者自行定义容器间的通信方式，官方推荐的做法是使用 Flannel 网络规划服务组建 Overlay 网络进行通信。逻辑上的一组 Pod 又被视作一个服务，Kubernetes 向外暴露服务给用户，并对 Pods 提供负载均衡功能。其具体架构如图 5-13 所示。

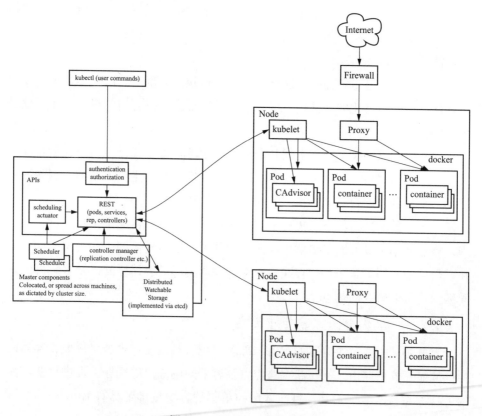

图 5-13　Kubernetes 架构图

（2）Swarm 是 Docker 社区提供的原生支持 Docker 集群管理的工具，在 Docker1.12 版本为独立项目，在 Docker 1.12 版本之后被合并到 Docker 当中，成为 Docker 的一个子命令。Swarm 同样包括管理节点以及工作节点。管理节点维护整个集群的状态以及调度集群中运行的服务，集群中可以存在多个管理节点，管理节点中使用 Raft 协议（一种共识算法）来维护 Swarm 集群的内部状态以及服务状态的一致性以及保证管理节点的高可用性。Swarm 集群中不同节点之间的关系如图 5-14 所示。

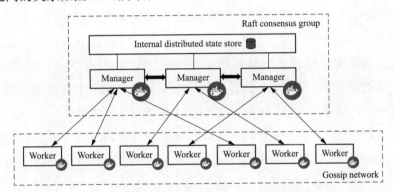

图 5-14　Swarm 集群中不同节点之间的关系

Swarm 在运行过程中的最小调度单位是单一任务，每个任务包括一个 Docker 容器以及在容器中执行的命令，而将一组任务的集合称为服务。服务分为：①Replicated 服务，是指一项任务被指派在多个工作节点上；②Global 服务，是指将服务中的任务部署在集群中的所有节点上，当一个任务被部署到一个节点上之后，任务不会被重新移动到其他的节点上，除非任务发生错误。Swarm 的结构图如图 5-15 所示。

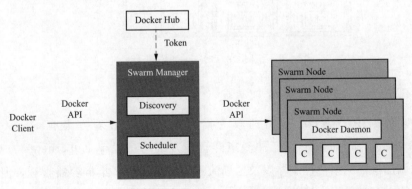

图 5-15　Swarm 结构图

Swarm 在启动时由系统创建 Overlay 网络[5]，名为 ingress，并给集群中不同容器提供连接其他服务的功能，而同一集群中的中的不同容器之间的连接则是创建名为 docker_gwbridge 的桥接网络。

Mesos 是一个资源管理工具，用于对多个分布式应用框架进行管理。本身只提供了对多个分布式运行框架的资源分配功能，但对于每个分布式框架内部的管理，是由分布式框架自行决定的。当一个分布式框架需要使用资源时，首先将自己的资源需求发送给 Master 节点，Master 节点返回当前可用的资源量，分布式框架收到当前可用的资源量之后根据自身的集群状况为集群中的节点分配资源并将资源的分配状况汇报给 Master 节点，Master 节点根据信息进行资源分配。若要实现对容器集群的管理，则需要使用 Zookeeper 以及 Marathon 或相同功能的工具。ZooKeeper 是一个用来在分布式集群中进行信息同步的工具，Mesos 默认利用 ZooKeeper 来进行多个主节点之间的选举，以及从节点发现主节点的过程，而 Marathon 则是为 Mesos 管理容器集群而开发的组件，其使用 Mesos－DNS 组件向外暴露服务。Mesos 架构图如图 5-16 所示。

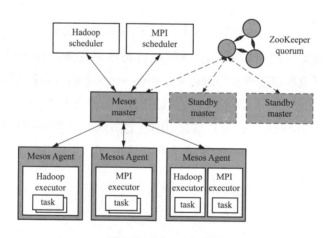

图 5-16　Mesos 架构图

5.2.2　多容器集群管理方案

多数据中心场景下，目前较为常用的多集群管理方案有 Kubefed[7]、Fleet[8]以及 Gardener[9]。三种多集群管理方案均是以单 Kubernetes 为基础，通过添加额外的集群控制器以及全局流量路由来实现多集群容器管理，但是具体架构上存在差别。目前较为主流的多数据中心多集群容器管理服务提供商多是通过 Kubefed 提供服务。

Kuberfed 是 Kubernetes 社区在 2015 年启动的多云集群管理项目，目标是使管理多个集群更加简单，Kuberfed 实现跨集群的资源弹性扩展、同步以及跨集群级的服务发现。Kuberfed 管理多集群的基本方法是通过 CRD（用户自定义资源，Custom Resource Definitions）模型对系统中需要进行管理和调度的资源进行定义，通过 Controller Manager 的组件来对系统中的资源进行同步和调度，并且和 Kubernetes 一样包含一个 API Server 来实现不同集群之间的通信以及交互。CRD 与 Controller Manager 两个组件共同组成了 Kubefed 的控制面。其组件架构图如图 5-17 所示。

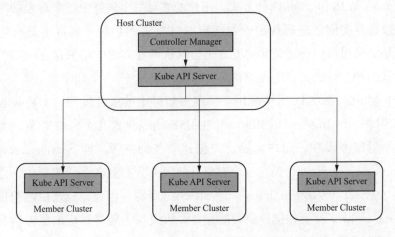

图 5-17　Kubefed 组件架构图

具体而言，Kubefed 通过 Cluster configuration、Type configuration、Schedule、MultiClusterDNS 这四种类型的 CRD 资源来进行系统状态的维护与管理。

（1）Cluster configuration 主要定义了子集群注册时的配置信息，其中主要引用了 Cluster-Registry 这个子项目来定义 cluster 的配置信息。当由新的集群需要加入联邦时，用户通过执行 kubefed2 join 就能够通知 federation-controller-manager 对新加入的集群的上下文信息进行自动读取并生成集群配置信息，该信息后续会被持久化到集群数据库中够后续使用。当新集群成功加入联邦时，联邦控制器会建立一个新 KubefedCluster 组件来储存集群相关信息，如 API Endpoint、CA Bundle 等。这些信息会在 KubeFed Controller 存取不同 Kubernetes 集群时被使用，从而确保联邦能够为每个集群征确建立 Kubernetes API 资源。

（2）Type configuration 主要定义了当前联邦可以处理哪些资源对象。有三种类型的 CRD 资源可以被定义在 Type configuration 中，分别是 Template、Placement 和 Override。Template 资源定义了 federation 要处理的资源对象，含有该对象的全部信息，Placement 规定了哪些子集群可以运行哪些资源对象，没用定义该对象的资源不会在任何的集群中被运行，Override 类型的提供了差异化修改 Template 中的资源的能力，原因是不同服务商的集群配置中的同一资源对象可能会有差异。

（3）Schedule 主要定义服务应该如何在集群中进行调度，该类型主要涉及 Deployment 与 Replicaset 两种方式。用户能够对每个集群中每个对象的最多实例数以及最少实例数进行规定或者指定时对象实例在每个集群中进行均衡分布。但是如果用户自身定义的调度方法与默认调度方法的结果存在一定的冲突时，默认的调度算法具有优先的特点。

（4）MultiClusterDNS 资源用于实现多集群中的服务发现，主要包含 ServiceDNSRecord、IngressDNSRecord、DNSEndpoint 这几个资源对象。为了实现多集群的服务发现，用户需要首先创建服务的资源，即 Service Template、Placement、Override（可选）三个对象并使服务分布到各个子集群中。之后需要创建 ServiceDNSRecord/IngressDNSRecord 资源，创建完成之后之前提到的 federation-controller 会根据该资源的配置，收集各子集群对应的服务信息并由域名和 IP 组合生成 DNSEndpoint 资源。DNSEndpoint 资源之后将被持久化到 etcd 数据库中。最终 DNSEndpoint 资源中的域名与 IP 会被 federation-controller 自动配置到 DNS 服务商的服务器上。从而实现不同集群中应用的服务发现。各种 CRD 资源的管理和维护如图 5-18 所示。

Rancher 同样是基于 Kubernetes 中的组件进行二次开发形成的开源的多容器集群管理平台。其平台架构与 Kuberfed 相似，包含 Rancher API Server、Cluster Controller 和 Auth Proxy 三个部分。其中 Rancher 的 API Server 是利用 Kubernetes 的 API Server 和 etcd 数据库建立的，主要有三个功能，第一个功能是管理用户准入规则，第二个功能是管理平台的安全策略，第三个功能是跟踪所有集群中所有节点的状态。Cluster Controller 管理多个集群，实际包含集群控制器和集群代理两个子模块。

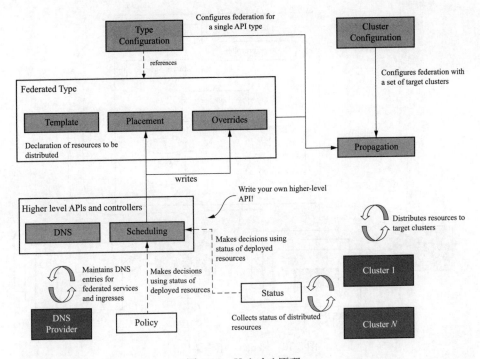

图 5-18　Kubefed 原理

（1）集群控制器是管理策略的实际实现模块，在全局上对多集群进行管理。

（2）集群代理则是实现对于每个集群的管理操作，负责包括负载均衡，集群角色绑定等功能。

（3）Auth Proxy 负责在多个集群中进行 Kubernetes API 调用的转发，实现了多集群之间节点的相互通信。Rancher 的组件具体架构如图 5-19 所示。

Gardener 同样是开源的多云 Kubernetes 管理系统，其主要思想是利用原先 Kubernetes 的基本功能来实现自身的所有功能。Gardener 使用 Garden 集群用于全局的集群管理，使用种子集群来作为用户集群的控制平面，种子集群通过与 Garden 集群的通信来获得各自集群的命令，种子集群同样是一个 Kubernetes 集群，用来承载用户的所有集群的控制平面组件，而用户运行自身业务的集群则是称为 "shoot" 集群，Shoot 集群与种子集群通信，从而实现多层次的集群管理。各个集群之间通过 HTTPS 协议进行相互通信。Gardener 的全局管理器同样包含 Gardener API server、Gardener Controller Manager 和 Gardener Scheduler。这三个组件分别对应着单集群状态下的 Kubernetes API Server、

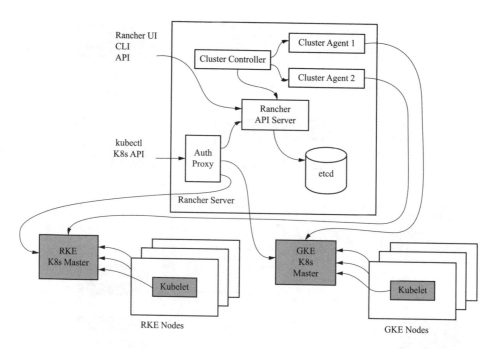

图 5-19 Rancher 组件架构图

Kubernetes Controller Manager 以及 Kubernetes Scheduler，体现了 Gardener 利用 Kubernetes 的基本功能来实现自身功能的基本思想。Gardener 的组件架构如图 5-20 所示。

5.2.3 多集群容器互联方案

上述的群集群容器管理方案解决了多集群的部署问题以及多集群之间相互的可达性问题。由于多数据中心多集群管理中会将多个相同服务部署于多数据中心以减少用户的访问时延，需要服务发现设施选择最优服务处理节点，即使是同一个数据中心中的集群，经常需要进行服务扩展和伸缩，服务所部署的 IP 地址可能发生频繁的变化，这对于客户的访问带来了较多不便，每个不同的集群使用者都需要定义自身的流量转发以及管理规则，这给服务的开发者造成了额外的负担，使得开发者不能专心于功能性需求，也给网络管理人员带来额外的负担，因此需要额外的组件处理这些不同服务间的流量路由事务。多数据中心服务提供商通常会通过服务网格解决这个问题。服务网格将流量管理从 Kubernetes 中解耦，使得服务网格内部的流量不再需要 Kube-proxy 组件的支持，从而使得流量的管理更加高效。

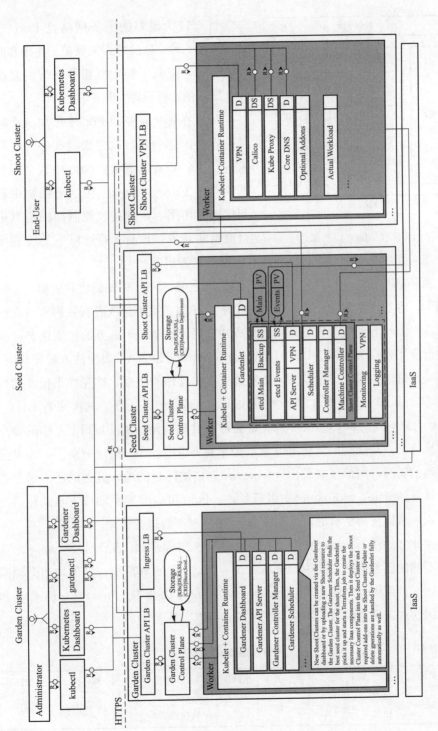

图 5-20 Gardener组件架构图

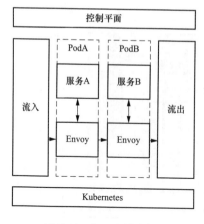

图 5-21　Istio 运行原理

目前较为成熟的服务网格是 Istio[10]，Istio 采用一种一致的方式来保护、连接和监控微服务，降低了管理微服务部署的复杂性。Istio 的运行原理如图 5-21 所示。

Istio 在每个服务的 Pod 中添加一个额外的容器，这个容器被用来拦截并转发所有流经这个 Pod 的流量，Istio 中这个额外的容器是 Envoy，Envoy 在这个结构中起到代理的作用，负责接收控制面的控制进行流量的转发。Envoy 通过以下的步骤将代理注入到现有规则当中，从而取代原有的转发机制。

当 Pod 被初始化以及应用程序容器启动之前，Istio 首先创建并启动一个特殊的 Init 容器用来包含一些应用镜像中不存在的实用工具或者安装脚本。在一个或多个 Init 容器被一次创建并运行成功之后，Kubernetes 开始初始化 Pod 并且运行应用程序的容器。Init 容器通过向 iptables 的 NAT 表中注入转发规则，从而实现对于主机的流量劫持，转发链主要包含四条规则，首先如果报文的目的地非 localhost，则报文被转发到 istio _ redirect 链处理，其次来自 istio _ proxy 用户空间的非 localhost 的流量会被转发到调用他的 OUTPUT 中的调用点并执行下一条规则，而如果流量不是来自 istio _ proxy 的用户空间，却又是对本地的访问，则该报文跳出 iptables 并直接访问目的地，其他的所有情况都会被转发到 istio _ redirect 链中进行处理。Istio 可以配置手动或者自动化的路由注入，从而使得所有的流量都由 Istio 的控制平台进行管理。

除此之外还有 Linkerd[11]、Amazon App Mesh[12] 和 Airbnb Synapse[13] 这三种不同的服务网格，其中 Amazon App Mesh 是闭源系统，其他均为开源系统。这三种系统分别使用 Linkerd-proxy、Envoy 以及 HAProxy/Nginx 作为数据面的代理。现有的服务网格系统的各自特点，见表 5-1。

表 5-1　　　　　　　　　现有各服务网格比较

系统	数据面	是否开源	活跃度	优点	局限性	发展性
Istio	Envoy	是	好	成长的社区 & 快速的版本更新	缺乏支持	一般

续表

系统	数据面	是否开源	活跃度	优点	局限性	发展性
Linkerd2	Linkerd-proxy	是	好	稳定性 & 被 CNCF 接受	垄断风险	好
AWS App Mesh	Envoy	否	好	与 AWS 的兼容性	闭源生态	未知
Airbnb Synapse	HAProxy/Nginx	是	差	无	功能有限	差

相比之下，Istio 和 Linkerd 支持了包括服务发现、负载均衡、容错、流量监控、熔断机制以及准入控制在内的对服务网格所需求的大部分甚至是所有功能。并且 Istio 有一个更加活跃的社区，使其能够被频繁的更新和升级，相对的，Linkerd 则更加稳定，并且 Linkerd 是被云原生计算基金会所接受的项目。而 Airbnb Synapse 则并没有这么多的功能，但是其通过使用基于 Zookeeper 的服务发现机制来解决了自动重启的问题。

AWS App Mesh 是原生兼容 AWS 的服务网格，可以最便捷地将服务网格整合进现有项目并且保证最好的性能，但是同时其也有不兼容混合云环境以及供应商垄断的问题。

相比于工业界以及开源项目中的活跃，在学术界容器的相同应用则是相对平静，更多的是集中在资源分配方法方面。

5.3　资源协同技术架构

数据中心当中有多种资源被数据中心的用户共享，资源类型大致可以分为网络资源、存储资源以及计算资源。为了保证数据中心中的用户的任务执行性能最大化，需要为用户根据其资源需求进行资源分配。

5.3.1　计算资源协同

随着云计算的发展，更多的计算密集型的任务被部署到数据中心，利用数据中心的强大计算能力加速数据的处理过程。由于单个机器的计算能力总是有限的，在面对大数据的计算任务时，通过使用集群中的多台机器进行并行化的数据处理成为更为优先的选择。为了简化大数据处理过程中对于大量机器的控制过程，多种不同的大数据计算框架应运而生。而随着多数据中心中部署的大数据计算框架的不断增加，大数据计算框架之间的协同以及资源共享也成为新的问题，为大数据计算框架进行资源共享和协同的资源管理器也随之诞生。

为了更好地进行计算资源的调度和分配从而让大量机器协同进行计算，大数据计算框架需要具有以下功能。

（1）能够将任务调度到大量的机器上进行运算；

（2）能够监控各个节点上的任务执行进度并在任务完成时自动调度下一任务进行执行；

（3）能够在任务执行因为机器故障而失败时自动重启任务；

（4）能够实现以低成本添加和删除集群中的机器，使得集群具有高扩展性。

现有的较为成熟的大数据计算框架有 MapReduce，Spark 等。

MapReduce[14]是一个软件架构，名称中的 Map 是指使用一个映射函数处理一组键值对，将其映射成另一个键值对，Reduce 是得到最终的结果。具体来说，MapReduce 的主要工作就可以被分为 Map 和 Reduce 两个过程，执行过程如图 5-22 所示。

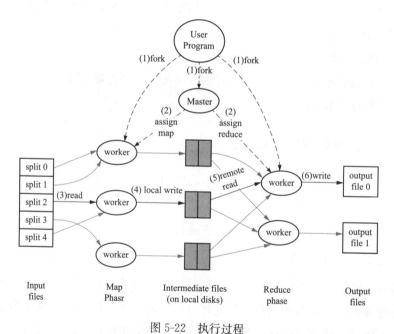

图 5-22　执行过程

注：来源为 http://www.flacro.me/google-mapreduce/

第一步由用户将自身程序提交给 MapReduce 框架，MapReduce 将用户程序复制到执行任务的节点（worker）以及管理节点（master）上。在 Map 阶段中，系统将原先复杂的计算任务分解成简单但是大量的计算任务，使得分解之后每个任务需要的数据量和计算量大大减少，可以由单台机器用较短的时间完成计算。并且为了保证这些任务可以被单台机器进行计算，这些任务之间应当不具有相关性。通常而言，每个任务由一个数据集的若干行组成，并以行号为键值，行的内容作为键值对的值。由于大数据的处理会带来较大的网络时延，为了减少网络中的数据传输，任务会被尽量调度到存储有数据的节点上进行执行。

当执行 Map 阶段的工作节点完成 Map 阶段的任务之后，会将 Map 阶段产生的中间结果保存在自身的磁盘空间当中。在所有 Map 阶段的任务完成之后，工作节点将中间数据以键值对为单位进行传输，每个键值对用键值计算 Hash 从而确定 Reduce 阶段接受该键值对的节点。确定节点后数据被传输给执行 Reduce 任务的工作节点，在 Reduce 阶段中，Reducer 负责对 Map 阶段的结果进行汇总，由于这个过程的并行性并不是很好，主节点会尽量把 Reduce 任务调度到同一个节点上。

MapReduce 通过把对数据集的大规模操作分发给网络上的每个节点实现可靠性；每个节点会周期性的把完成的工作和状态的更新报告回来。如果一个节点保持沉默超过一个预设的时间间隔，主节点（类同 Google 文件系统中的主服务器）记录下这个节点状态为死亡，并把分配给这个节点的数据发到别的节点，并且 MapReduce 在执行任务时会同时选择多台机器执行相同的任务以进行容错并选择其中完成最早的机器作为最终的结果。

Apache Spark[15] 是当前流行的另一种大数据处理系统，与 MapReduce 的最大不同在于 MapReduce 会将每次计算完成的中间数据存入磁盘当中，用以应对大量的数据，而 Spark 则是会利用内存进行中间结果的存储与运算。由于 Spark 减少了在磁盘上进行存取的次数，大大减少了磁盘 I/O 的开销，因此 Spark 在的运算速度能够做到比 MapReduce 的运算速度高出一百倍左右。Spark 将系统分为集群管理器（Cluster Manager）节点、Worker 节点以及 Driver。Driver 节点在用户端，用于执行用户的 Spark 程序，当程序中包含需要在集群上运行的操作时，Spark 会向集群管理器发送请求，集群管理器接收到请求之后调度集群中的机器进行执行，并将执行后的结果返回 Driver 或者存储在集群中。Spark 集群的架构如图 5-23 所示。

Spark 中执行任务的基本单位是 Task，用户创建了一个 Spark 程序并提交

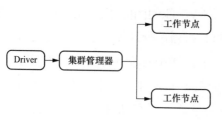

图 5-23 Spark 集群架构

之后，Spark 系统会对程序进行分析，将用户程序划分成若干较小的任务，该任务即被称为 Task。具体过程如下，Spark 在执行到 Action 语句（指用户需要获取数据集的结果的某项操作，如计数操作）时生成一个 Job，每个 Job 包含了一系列的弹性分布式数据集（RDD）和对其如何进行操作的转换过程，并对每个 Job 生成一个有向无环图，这个有向无环图代表了数据集的运算过程。之后由有向无环图的调度器根据整个有向无环图将所有的 Job 划分 Stage，同一个 Stage 中的 RDD 不会发生互操作，之后这些 Stage 会被继续划分生成 Task 组，Spark 以 Task 为单位在 Worker 上执行任务。具体的含义如图 5-24 所示。

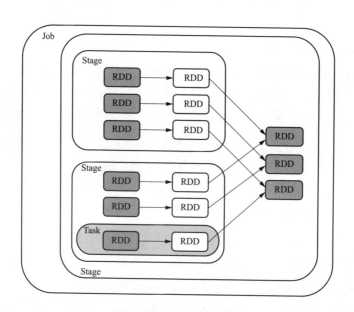

图 5-24 Spark 逻辑架构

5.3.2 存储资源协同

随着信息时代的到来，数据成为最有价值的资源之一，数据分析也成为服务提供商提供更优质服务的重要参考手段。为了进行大规模数据分析，首先需要收集并存储大量数据，而数据中心庞大的存储资源能够很好的满足大规模的数据存储需求。然而正是由于数据中心的存储资源过于庞大，不合理的存储资源协同方案会造成数据读取的高时延。为了保证数据的高可用性以及低时延，合理的存储资源协同方案非常重要。

（1）数据中心中的数据存储特点。

1）数据量庞大，且文件数据极多，其中包含大量大型文件，许多的文件大小在 1GB 以上甚至达到 1TB 级别。

2）数据分布于大量机器上。由于大数据处理所面对的数据量极其庞大，单一节点难以存储，而且单一节点存储也不利于分布式计算，故数据中心中用于大数据分析的庞大数据集通常存储于大量机器上。

3）数据节点的硬件故障属于数据节点的常态，数据中心中存在大量机器，由于每台机器都存在故障风险，数据中心中总是有一部分机器是不工作的。因此错误检测和快速、自动的恢复是数据中心的存储资源协同过程中需要解决的重要问题。

（2）合理存储资源协同方案应当具有的功能及特征。

1）能够支持大规模数据集，这里的大规模既指数据文件的数量众多，也指数据文件的文件大小很大。

2）能够保证数据的高可用性。

3）能够保证顺序读写的高速率，由于大数据分析通常按照顺序访问大量的数据集，保证顺序读写的高速率对于大数据分析的速率提升有很大帮助。

分布式数据库和分布式文件系统都是常用的存储资源系统方案，现有的较为成熟的分布式数据库有 ShardingSphere、分布式文件系统有 HDFS 和 Ceph[20]，分别代表了中心化和去中心化的分布式文件系统。

5.3.2.1　分布式数据库

分布式数据库旨在解决单点数据库存在的读写性能瓶颈。由于单点数据库在处理大量的并发请求时极易成为瓶颈，通过将数据库部署在集群中并将请求通过负载均衡的方式分发到不同的数据库上，能够充分利用多节点的充足读写带宽，同时降低单点数据库成为瓶颈的风险。

分布式数据库存在物理上分布，逻辑上整体和各站点自治三个基本特征。分布式数据库同时还保证了：①数据分布对外是透明的；②数据存储存在一定的冗余；③事务处理分布性三个特征。

分布式数据库通常是在多个节点上部署多个数据库，同时由一个统一的数据库管理系统进行管理。分布式数据库优点如下：

（1）由于其物理上的分布式性质，能够随时地针对各个区域的用户对区域上部署的数据库进行相应调整。

（2）由于物理上是分布式的，能够平行处理大量请求。

分布式数据库缺点：

（1）为了实现大量的并行访问以及容错性需求，通常会对数据进行冗余备份，这导致对同一份数据进行多次存储，带来了相对长的写入时间。

（2）由于需要管理大量的具有冗余备份的分布式存储的数据，管理具有较大的复杂度。由于分布式数据库的结构特性，实现 ACID 事务需要的开销很大，为了保证分布式数据库的性能不会降低太多，分布式数据库存在基本可用（系统能够基本运行、一直提供服务）、软状态（系统不要求一直保持强一致状态）以及最终一致性（系统需要在某一时刻后达到一致性要求）的弱化的事务特性。

分布式数据库的实现方式：①实现一种新的数据库，即 NewSQL，虽然会有较好的性能，但是这会需要较长时间的开发；②利用现有的数据库，在现有数据库的基础上开发数据库中间件，这种方式虽然是牺牲少量的性能，但是能够利用目前底层数据库的成熟型，能够增量持续更新，同时也能够有较少的接入以及运维成本。目前较为常用的 ShardingSphere 就是数据分布式数据库中间件。

ShardingSphere[16]是由 JDBC、Proxy 和 Sidecar 三个相互独立提供标准化数据分片、分布式事务和数据库治理功能的组件组成。其中 ShardingSphere-JDBC 以及 ShardingSphere-Sidecar 属于去中心化架构，而 ShardingSphere-Proxy 属于中心化架构。ShardingSphere-Proxy 可以使用任何兼容 MySQL/PostgreSQL 协议的访问客户端（如 MySQL Command Client，MySQL Workbench，Navicat 等）操作数据，由 Sharding-Proxy 组件处理所有请求，所以性能略微会有所下降。而 ShardingSphere-Sidecar 将所有的 Sharding-Sidecar 组件组织成数据平面，使用 Sharding-Console 作为控制平面来管理数据分片以及事务处理规则，因此能够做到去中心化。ShardingSphere-Sidecar 的架构如图 5-25 所示，将其中的数据平面和控制平面删除，所有的请求直接发送到 Sharding-Proxy，就成为了 ShardingSphere-Proxy 的架构。

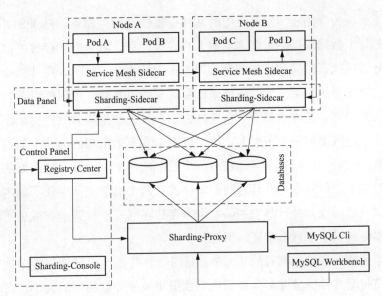

图 5-25　ShardingSphere-Sidecar 架构

5.3.2.2　分布式文件系统

HDFS[17]是中心化的存储方案，采用主从架构，一个 HDFS 集群由一个主节点（Namenode）以及若干的数据节点（Datanode）组成。其中 Namenode 是中心服务器，用于记录所有数据节点中的数据信息，并且负责与用户交互，处理用户对文件的访问。通常一台机器上存在一个数据节点，数据节点负责在其上存储的数据。HDFS 采用 Java 语言进行开发，因此任何支持 Java 语言的机器都可以部署 HDFS。HDFS 的系统架构如图 5-26 所示。

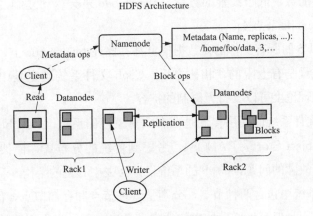

图 5-26　HDFS 系统架构图

为了能够为存储在文件系统中的文件提供较高的可靠性，HDFS 对存储在集群中的每个数据块都使用多副本的方式进行保存。由于副本存放的位置对于大数据分析的执行时间和任务调度会带来很大的影响，HDFS 在选择副本的保存位置的时候采用机架感知的策略来增强数据的可靠性、可用性以及较好的网络带宽的利用率，这种策略通常会选择为一份数据块生成总共三份副本，一份副本放在本地机架的一个节点上，第二份副本在本地机架的另一个节点上寻找存放位置，最后一份副本会存放在另一个机架的一个节点上。这么做的好处在于由于生成了三份副本，并且这些副本存放在两个机架上，保证了副本较好的可靠性以及可用性，并且其中的两个副本存放在同一个机架上，减少了同时写多个副本时对机架间网络带宽的消耗。

为了能够保证顺序读写的高速率，HDFS 将数据块设计成只能单次写入的形式，将每个文件拆分成多个数据块，数据块被设计成相同的大小，每个数据块大小通常为 64MB。

为了保证数据存储的可靠性，HDFS 在设计之初考虑了数 Datanode 出错以及网络出错两种情况，但是由于 HDFS 是中心化的架构，无法处理 Namenode 节点发生故障的情况。每个 Datanode 节点在工作时会周期性的向 Namenode 节点发生心跳包以更新自己的状态。Namenode 通过心跳包来防止 Datanode 节点和自身的网络通信发生故障以及 Datanode 发生故障，如果某一 Datanode 节点较长时间没有发送心跳包到 Namenode 节点，Namenode 节点就不会再将读写请求发给它们，并且将所有存储在这些节点上的数据标记为失效，如果此时导致数据副本的数量低于设置的数量，Namenode 还会启动复制过程将数据复制到其他 Datanode 节点上。

由于 HDFS 的所有文件的元数据信息都存储在 Namenode 上，因此 HDFS 的存储文件数量是有上限的，相比之下，Ceph 文件系统则是其中心化的存储方式，也因此理论上可以支持无限制的扩容。

Ceph[18]文件系统的底层存储是分布式对象存储系统（Reliable Autonomic Distributed Object Store，RADOS），考虑到传统的分布式存储架构中管理节点会存在单点故障的问题，Ceph 的系统设计为去中心化的架构。

Ceph 的系统中包含两种节点，分别是管理节点和存储节点，但是 Ceph 的管理节点并不作为保存集群向外通信的唯一入口，而是只作为监管节点，仅负责监管集群中各个节点的状态，同时负责与存储节点共同维护集群中存储的数据信息。Ceph 中的存储节点被称为 OSD（Object Storage Device），是一种面向对象的存储方式，每个存储节点上都会存储集群中的数据信息，并且处理诸如一致性数据访问，冗余存储，错误检测以及错误恢复等事务。Ceph 的架构如图 5-27 所示。

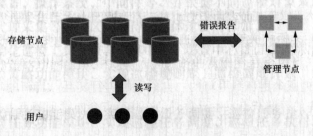

图 5-27 Ceph 架构图

每个存储节点中都存储集群中的数据存放信息，被称为 Cluster Map，集群映射描述了四种数据分别是存储集群中有哪些存储节点、存储节点是否存储了数据、数据对象在存储节点当中的分布情况以及总共有多少数据分组。

Ceph 对于数据存储经过了多层处理，对于需要处理的某一文件，Ceph 首先将其分拆成大小相同的多个数据对象（大小为 2MB 或者 4MB，最后一个数据块的大小可能不同）。之后对每个分拆出的数据对象通过 Hash 算法进行分组，分组成为多个放置组（Placement Group），每个数据对象最多被分在一个放置组中。之后将放置组由一个伪随机算法（CRUSH）计算出一组存放位置，将放置组复制到这些存放位置当中。Ceph 逻辑架构如图 5-28 所示。

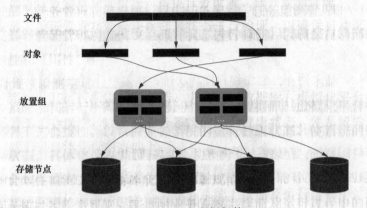

图 5-28 Ceph 逻辑架构

当新的存储节点加入集群中时，系统会从原有的已经放置的数据中去除一部分放入新的存储节点中，从而使得设备上存储的数据量较为均衡，放置设备在高负载的情况下工作。由于数据在集群中的存放位置是通过 Hash 以及伪随机算法确定的，而放置组的数量通常远远小于对象的数量，因此系统中不依赖大型的集中式分配表进行数据位置的存储。

集群的状态维护是由多个管理节点共同完成的，管理节点形成最新版本的Cluster map，之后扩散至全体存储节点，存储节点之间使用 Cluster map 进行数据的维护，当两个存储节点的 Cluster map 版本不同时，二者首先将两个Cluster map 的版本更新到更新的一方之后再进行交互。当新的存储节点加入集群或者原先的存储节点发生异常时，这些节点会向管理节点上报情况，收到存储节点上报的信息之后，管理节点将集群映射的信息扩散到存储节点中。多个管理节点之间使用一致性协议保证一致性。

5.3.3 网络资源协同

多数据中心可以为用户分布于广泛的地理区域的分布式应用程序（例如电子邮件，多媒体，社交网络等应用）带来诸如可用性、容错能力、负载均衡以及低时延等好处。同一个组织控制的跨地理的多个数据中心连接起来的广域网络被称为多数据中心网络。多数据中心网络通常由几个部分组成，如图 5-29 所示，最中心的部分是数据中心骨干网，承载的是由同一控制者控制的多个数据中心之间的流量，通常使用长距离光纤进行连接控制的多个跨地域的数据中心，这些链路由数据中心的控制者拥有，或从具有现有骨干基础架构的提供商

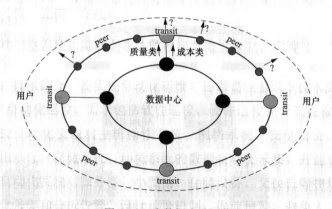

图 5-29　多数据中心网络

处租用。数据中心骨干网外的一圈是由数据中心的外网出口连接而成的广域网，承载的是数据中心对外的流量。外网出口包含多种类别，有传输成本较高但是质量较好的出口（称为 transit 出口），也有传输成本较低但是质量相对较差的出口（称为 peer 出口），多数据中心网络通过这些外网出口与互联网的其他部分进行通信[31]。

多数据中心网络中的流量不断增多，部分链路在高峰期会出现负载过高导致丢包以及数据传输高时延。同时，维护多数据中心网络的链路，以及传输多数据中心网络的流量会带来很大的开销，这使得有效使用多数据中心网络成为当务之急。数据中心骨干网中的流量绝大多数都为单播流量。通过决定每个流量的传输时间、传输速率以及传输路径，能够对网络的效率带来很大的提升，并且降低网络维护开销。传统的多数据中心网络中，很多厂商选择使用多协议标签交换技术进行网络资源的协同，而随着软件定义广域网的出现，多数据中心服务提供商能够通过建立软件定义广域网的方式对多个数据中心间的网络进行细粒度的调度。

5.3.3.1 多协议标签交换技术

多协议标签交换（Multi-Protocol Label Switching，MPLS）是一种在开放的通信网上利用标签引导数据高速、高效传输的新技术。多协议的含义是指 MPLS 不但可以支持多种网络层层面上的协议，还可以兼容第二层的多种数据链路层技术。一个典型的 MPLS 网络如图 5-30 所示，在一个 MPLS 网络中，包含两种路由器，其中一种是标签边界路由器，简称 LER；另外一种是边界转发路由器，简称 LSR。LER 路由器与客户网络的边界路由器进行连接，当数据包由客户路由器进入 MPLS 网络时，数据包被打上响应的标签，而在数据包由 MPLS 网络进入其他网络时，数据包中的标签摘除，从而使得 MPLS 可以与其他网络一同工作。

数据包在经过 MPLS 设备时，入口的 MPLS 设备根据数据包的分组查找路由表，由路由表确定一条通向目的地址的路径，将路径对应的标签插入到原本 IP 的分组头中，分组头与标签的映射规则不但考虑数据流目的地的信息，还考虑了有关 QoS 的信息，此后在 MPLS 网络的传输便使用该标签进行路由转发。MPLS 的位置位于链路层和网络层的头部之间，一个 MPLS 标签的格式定义如图 5-31 所示。

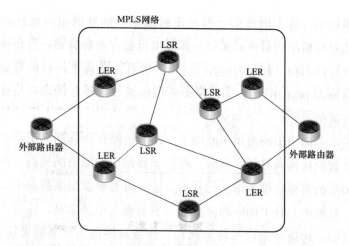

图 5-30 MPLS 网络

MPLS Label

00	01	02	03	04	05	06	07	08	09	10	11	12	13	14	15	16	17	18	19	20	21	22	23	24	25	26	27	28	29	30	31
Label																				TC:Traffic Class (QoS and ECN)			S:Bottom-of-Stack	TTL:Time-to-Live							

图 5-31 MPLS 标签定义格式

其中 Label 代表了标签的具体数值，是一个二十位的整数。Traffic Class 包含了一些服务质量有关的指示位。Bottom-of-Stack 是指当前 MPLS 后面还有多少个 MPLS 标签，由于 MPLS 网络中可能嵌套有其他的 MPLS 网络，当发生 MPLS 网络的嵌套时，多个 MPLS 标签就以先进后出的方式被嵌在二层协议头和三层协议头之间。Time-to-Live 的作用和正常 IP 网络中相同，用来防止环路，并被用于路径追踪。

在传统的路由决策过程中，每个路由器需要单独对网络数据包进行解包，之后根据其目的 IP 地址计算符合地址的等价转发类，这使得所有属于同一转发等价类的数据包必然通过统一的路径进行转发，由于每个路由器都单独的进行决策，当路由器首发队列满了就会发生丢包，在一个高流量高容量的网络中，会对每个路由器都产生很高的要求。在 MPLS 中，由于路由决策都是基于整数的标签，因此可以达到常数级别的查找时间，大大降低了路由决策开销。

5.3.3.2 软件定义广域网

软件定义广域网与软件定义网络[22]类似，两者都是将控制平面与数据平面分离，以简化网络的管理和操作，区别在于软件定义广域网所针对的是广域网，而软件定义网络针对的是数据中心网络。软件定义广域网通常应该具有三种功能。

（1）支持 MPLS、Frame relay、LTE、Internet 等多种连接方式。

（2）需要能够根据需要动态的在多种连接中选择链路以达到资源弹性及负载均衡。

（3）能够在 WAN 连接的基础上提供尽量多的诸如 VPN 和防火墙等基于软件的技术。

在数据中心骨干网中，大多采用中心化决策并下发到各站点进行执行的结构，典型的软件定义广域网的结构如图 5-32 所示。

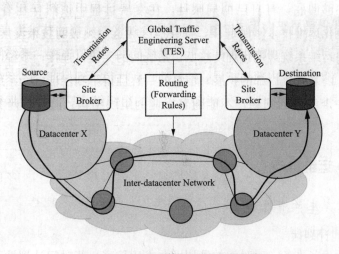

图 5-32　典型的软件定义广域网结构

全局流量工程服务器（Traffic Engineering Server，TES）负责进行全局的优化，本地代理（Site Broker）负责执行 TES 的分配策略。

6 多数据中心运维协同

在国内，对于电力网络的智能化运维工作尚处于起步阶段，在电力网络运维的转型不够彻底，有自己的局限性。在发展过程中依然存在着以下问题：①由于智能化运维技术刚刚起步，部分地区在这一领域的技术发展没有跟上；②国内网络运维系统规范化程度较低，系统间的无接口连接，系统间的通信带来了不便，随着系统内部的扩展，信息的一致性得不到保证；③系统设计的灵活性也是一个突出的问题，不能随着企业的组织结构、流程、业务的变更而改变。

6.1 运维难点

6.1.1 生产准备难点

1. 时间计划性

在实际生产准备，对时间的计划性要求比较高。若时间计划性不强，前期准备工作将举步维艰。需求不清，反复调整需求，结果导致工时反复和浪费，工作不能按计划完成。进度规划不切实际，有些工作任务和工作环节按照规划的时间，客观上无法完成，或者限于项目所在企业的人力、资源等客观条件无法按时完成，其他工作环节也会受到影响，导致工期后延。

2. 需求差异

若用户缺乏特定领域的专业知识，会导致用户所传达的需求与真实需求存在差异。需求分析是对用户的业务活动进行分析，明确在用户的业务环境中信息系统应该"做什么"。但是在开始时，开发人员和用户双方都不能准确地提出系统要"做什么?"。因为软件开发人员不是用户问题领域的专家，不熟悉用户的业务活动和业务环境，又不可能在短期内搞清楚；而用户不熟悉计算机应用的有关问题。由于双方互相不了解对方的工作，又缺乏共同语言，所以在交流时存在着隔阂。另外，用户很难一次精确而完整地提出它的功能和性能要求。一开始只能提出一个大概、模糊的功能，只有经过长时间的反复认识才逐步明确。

6.1.2　资源准备难点

资源准备过程中，要考虑标准是否统一以及特殊资源的获取。服务商的主体繁多，服务接口不统一，服务标准差异大，导致资源准备过程难以协调一致。另外，某些特殊资源无法获取，从而导致资源准确不全。

6.1.3　远程部署难点

远程部署过程中，要考虑网络条件和安全性问题。远程部署所需要的网络条件不一定能够得到保障，从而导致部署中断或失败。运维安全是企业安全保障的基石，不同于 Web 安全、移动安全或者业务安全，运维安全环节出现问题往往会比较严重。一方面，运维出现的安全漏洞自身危害比较严重。运维服务位于底层，涉及服务器，网络设备，基础应用等，一旦出现安全问题，直接影响到服务器的安全；另一方面，一个运维漏洞的出现，通常反映了一个企业的安全规范、流程或者是这些规范、流程的执行出现了问题，这种情况下，可能很多服务器都存在这类安全问题，也有可能这个服务还存在其他的运维安全问题。远程部署时，对现有环境及部署在现有环境上的应用造成的影响难以评估。

6.1.4　资源关系难点

随着大量信息系统投入运行，信息主设备规模庞大。运维服务工作以各单位分散管理为主，资源关系复杂。服务商的主体繁多，服务接口不统一，服务标准差异大，这将导致各资源之间的连接关系及各接口间的逻辑关系梳理困难。

6.1.5　远端异常难点

1. 异常是否影响业务

根据预设的阈值或阈值范围发现的异常对业务的影响不明确的情况下，对是否该处理该项异常或者怎么处理不能做出判断。

2. 某些异常无法发现

由于系统业务的运行正常，对于某些不在监控范围内的异常或者目前判断异常的手段无法发现的异常，不能及时检测出来。

6.1.6 异常恢复难点

1. 从存在大量节点的集群中获取指标数据

目前业界已经有了比较成熟的获取指标数据的平台，如 prometheus，可以通过 prometheus 从集群中获取各个节点的指标数据，具体为通过 prometheus 的 http api 以 promql 的方式获取集群各个节点的指标数据。

2. 处理数据

获取大量的指标数据后，可以通过预处理的方式：①通过数据解析，将数据中的一些无用的数据过滤掉，获取精简过的指标数据；②通过数据融合、特征提取等技术对原始数据流进行处理，形成数据流的特征表达；最终加快数据的处理速度。

3. 获取影响节点健康的指标，将指标和风险结合起来

根据运维经验选择影响节点健康的指标，如 cpu 使用率，内存使用率等等。另外对于隐患风险，系统运维中的隐患风险包含有多个概念，分别是系统的异常、隐患、风险、故障，是一种递进关系。

（1）异常是指不符合系统运行规律的突然性状态，如磁盘的转速短时间加速，但并不对业务产生影响，不需要派遣工程师去现场处置。

（2）隐患是指还不能被解释的异常状态，知晓原因的异常不被升级为隐患，如不知道为什么磁盘会加速就是隐患。

（3）风险是指持续发生问题变化的隐患，隐患没有特别变化是不被升级为风险的，属于可控状态，如磁盘加速现象频率不断增加就应该纳入风险。

（4）故障是指已经对业务造成影响的事件，判断故障的唯一标准是已经影响边缘站点业务的执行。可以通过给指标设置阈值等方式来将指标的一些状态转换为隐患风险。

4. 产生风险隐患后，自动恢复

通过机器学习和人工智能的方式，将风险隐患和解决策略对应起来，如 Pod 出现故障，删除 Pod 等，最终达到风险隐患的最终恢复。

6.2 运维数据归集

数据归集主要做是 es 集群的灾备，保证采集到的数据不丢失。es 容灾关键的两个因素是 primary shard（副本分片）和 replica shard（主分片）。replica shard 作为 primary shard 的副本，当集群中的节点发生故障，replica shard 将被提升为 primary shard。具体的演示如图 6-1 所示。

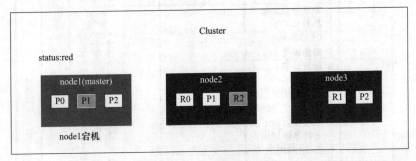

图 6-1　具体演示图

集群中有三台服务器，其中 node1 节点为 master 节点，primary shard 和 replica shard 的分布如图 6-1 所示。此时假设 node1 发生宕机，也就是 master 节点发生宕机。此时集群的健康状态为 red，为什么呢？因为不是所有的 primary shard 都是 active 的。

具体的过程如下：

（1）重新选举 master 节点，当 es 集群中的 master 节点发生故障，此时 es 集群将再次进行 master 的选举，选举出一个新的 master 节点。假设此时新的主节点为 node2。

（2）node2 被选举为新的 master 节点，node2 将作为 master 行使其分片分配的任务。

（3）replica shard 升级，此时 master 节点会寻找 node1 节点上的 P0 分片的 replica shard，发现其副本在 node2 节点上，然后将 R0 提升为 primary shard。这个升级过程是瞬间完成的，就像按下一个开关一样。因为每一个 shard 其实都是 lucene 的实例。此时集群如下所示，集群的健康状态为 yellow，因为不是每一个 replica shard 都是 active 的。

6.2.1　运行指标归集

运行指标归集见表 6-1。

6.2.2　运行日志归集

运行日志归集见表 6-2。

表 6-1　　　　　　　　　　　　运 行 指 标 归 集

对象	指标
主机	操作系统版本号 内存大小 物理磁盘个数 核数 CPU 温度 磁盘温度 运行状态 CPU 使用率 内存利用率 文件系统使用率 IO 延迟 文件系统可用大小 Swap 利用率
交换机或路由器	接口 down 状态 端口 IP 电源温度 CPU 使用率 内存使用率 端口丢包率 端口错包率 端口带宽占用率 网络链路 交换机/路由器的端口数量 网络端口总广播流量
防火墙	CPU 使用率 吞吐量 并发连接数 每秒新建连接数
存储设备	风扇状态 电源状态 CPU 状态 温度信息
中间件	数据源名称 独占线程数 健康状态 活跃会话数 可用连接数 可用堆内存 CPU 使用率 每分钟请求数 版本号 端口 服务实例名 运行状态

续表

对象	指标
中间件	线程队列大小 暂停用户请求数 堆内存大小 堆空闲率 JDBC 连接数 JDBC 泄漏连接数 JDBC 最长等待时间
动环数据	配电系统 UPS 系统 精密空调系统 机房温湿度 漏水检测系统 消防监控系统 门禁管理系统 视频监控系统 防盗报警系统
数据库数据	表空间使用率 java 池使用率 每秒登录数 活跃会话数 数据库连接成功率 剩余内存 剩余空间 Sql 服务响应时间 Scn 增长速率 ASM 磁盘组总剩余使用率 large 池当前大小 PGA 命中率 processes 使用率 I/O 响应时间 oracle home 目录的使用率
业务数据	视具体业务而定，例如：故障生成工单数，咨询生成工单数，响应时间等

表 6-2　　　　运行日志归集

对象	指标
ES 日志数据采集	通过 Filebeat 采集主机日志数据； 如 Windows，LinuxServer，IPMI 等； 数据清洗后导入 KAFKA； KAFKA 将数据推到 LOGSTASH 并接入 ES 系统进行日志归集

6.3 数据分析

数据分析的本质：目标要明确，突出资产管理、运维数据、大数据、数据分析四大核心。

（1）资产管理文件明确定义了，核心是安全、效能、成本，运维是生命周期的一个重要过程；IT资产是"非生产用设备及器具"中的"电子信息设备"共9个三级子类。

（2）通常的运维数据是指各类系统的性能监控数据，以及各类系统的日志文件；运维数据是资产在指运行维护过程中，所有产生的数据，形式报过资产数据、性能数据、日志数据、文档数据、视频数据、纸张数据等。

（3）大数据核心不是数据量大，也不是建立一个庞大的数据仓库，不能拘泥于数据本身；大数据的核心是数据的价值，数据的价值来自于数据模型和分析方法，并不需要重复的数据建设，而需要对运维业务的指标化。

（4）数据分析不是报表工具，不能停留在对数据的酷炫展示上；数据分析重点应该是建立一套体系化的算法，结合自身运维业务能力，能够自动计算来挖掘对自己有价值信息，来评价和指导运维整体提升。

6.3.1 历史运行规律分析方法

6.3.1.1 回归分析

回归分析是研究变量之间相关关系以及相互影响程度的一种统计推断法。通过建立自变量和因变量的方程，研究某个因素受其他因素影响的程度或用来预测。回归分析有线性和非线性回归、一元和多元回归之分。常用的回归有一元线性和多元线性回归方程。

对于一元线性回归来说，可以看成 Y 的值是随着 X 的值变化，每一个实际的 X 都会有一个实际的 Y 值，称 Y 实际，那么就是要求出一条直线，每一个实际的 X 都会有一个直线预测的 Y 值，称 Y 预测，回归线使得每个 Y 的实际值与预测值之差的平方和最小，即（Y_1 实际－Y_1 预测）^2＋（Y_2 实际－Y_2 预测）^2＋…＋（Y_n 实际－Y_n 预测）^2 的和最小（这个和称 SSE）。

在多元线性回归模型经典假设中，其重要假定之一是回归模型的解释变量之间不存在线性关系，也就是说，解释变量 X_1，X_2，…，X_k 中的任何一个都不能是其他解释变量的线性组合。如果违背这一假定，即线性回归模型中某一个解释变量与其他解释变量间存在线性关系，就称线性回归模型中存在多重共线性。多重共线性违背了解释变量间不相关的古典假设，将给普通最小二乘法带来严重后果。

造成多重共线性的原因如下：

（1）解释变量都享有共同的时间趋势。

（2）一个解释变量是另一个的滞后，二者往往遵循一个趋势。

（3）由于数据收集的基础不够宽，某些解释变量可能会一起变动。

（4）某些解释变量间存在某种近似的线性关系。

建立一个回归分析一般要经历这样一个过程：先收集数据、再用散点图确认关系，利用最小二乘法或其他方法建立回归方程，检验统计参数是否合适，进行方差分析或残差分析，优化回归方程。此外，还应考虑变量的多重共线和自相关性，以及是否有必要加入虚拟变量等。具体的方法涉及的经济学和统计学的知识比较多，这里不作详细介绍。

6.3.1.2 波士顿矩阵分析

波士顿矩阵是由波士顿咨询公司在 20 世纪 70 年代开发的，BCG 矩阵将组织的每一个战略事业单位标在一种二维的矩阵图上，从而显示出组织的若干产品中哪一个提供高额的潜在收益，以及哪个是组织资源的漏斗。波士顿矩阵又称市场增长率—相对市场份额矩阵、四象限分析法等。市场增长率—相对市场份额矩阵分为四个方格（见图 6-2），每个方格代表不同类型的业务：

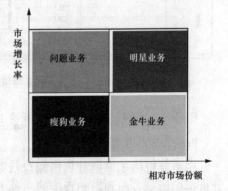

图 6-2 波士顿矩阵图

（1）问题业务：问题业务是指高市场增长率、低市场份额的业务。

（2）明星业务：明星业务是指高速增长市场中的具有高市场份额业务。

（3）现金牛业务：当市场的年增长率不高，而它的市场份额却很高的业务。

（4）瘦狗业务：瘦狗业务是指市场增长率低缓、市场份额也低的业务。

举例说明：波士顿矩阵法因其评估的有效性，逐渐被引入各行业的分析领域，扩大了评估对象的范围。在财政收支分析领域里的应用可以用下面一个简单的例子说明。

一般如果按一个指标很容易能够进行分类，但是对于两个或以上指标的分类就相对复杂。波士顿矩阵就提供了一种比较快速而又直观的分类。如分析财政支出（见图6-3），把支出科目按照支出总量和增长速度两个指标进行分类，利用波士顿矩阵法得到这张图。把科目划分在四个象限内。

位于左上角的科目需要引起关注，总量虽然不高，但增长过快；而右下角的科目是重点科目，总量一直较大并且保持着平稳增长节奏；大部分科目则集中在总量低、平稳增长的领域。

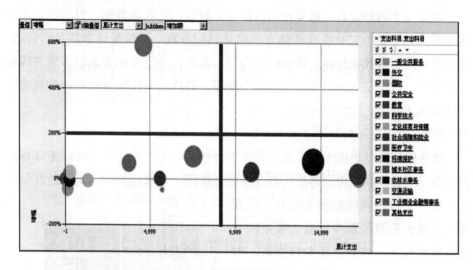

图6-3   波士顿矩阵分析财政支出图示

6.3.2　敏锐感知风险分析方法

6.3.2.1　因素分析

因素分析法是依据分析指标与其影响因素的关系，从数量上确定各因素对分析指标影响方向和影响程度的一种方法。因素分析法既可以全面分析各因素对某一经济指标的影响，又可以单独分析某个因素对经济指标的影响，在财政收支分析使用中颇为广泛。

因素分析的方法常见的有以下几种：

（1）连环替代法。它是将分析指标分解为各个可以计量的因素，并根据各个因素之间的依存关系，顺次用各因素的比较值（通常即实际值）替代基准值（通常为标准值或计划值），据以测定各因素对分析指标的影响。

（2）差额分析法。它是连环替代法的一种简化形式，是利用各个因素的比较值与基准值之间的差额，来计算各因素对分析指标的影响。

（3）定基替代法。分别用分析值替代标准值，测定各因素对指标的影响。

例如，对支出进度偏慢进行因素分析，分解影响支出进度的若干因素。假设影响支出进度的因素由如下因子构成：

实际指标 $\qquad P_o = A_o B_o C_o$

标准指标 $\qquad P_s = A_s B_s C_s$

实际与标准的总差异为 $P_o - P_s$，这一总差异同时受到 A、B、C 三个因素的影响，它们各自的影响程度可分别由以下式子计算求得：

$$A \text{ 因素变动的影响} = (A_o - A_s) B_s C_s$$
$$B \text{ 因素变动的影响} = A_o (B_o - B_s) C_s$$
$$C \text{ 因素变动的影响} = A_o B_o (C_o - C_s)$$

最后，可以将以上三大因素各自的影响数相加就等于总差异 $P_o - P_s$。因素分析通过分析财政收支变动的影响因素，从中找出主要的原因，也可借助因子分析法，将多个影响因素浓缩成较少的因素，使信息更加集中。

6.3.2.2 预警分析

根据预警条件，可以生成预警分析图（见图 6-4），进而实现对关注条件的监控，及时发现关键点。而预警条件的设置则可以视实际情况需要而定。例如，对某区支出单位进行预警分析，监控增幅过高单位，可以将预警条件设置为监控增幅大于 50% 的单位，并对其进行重点跟踪关注。

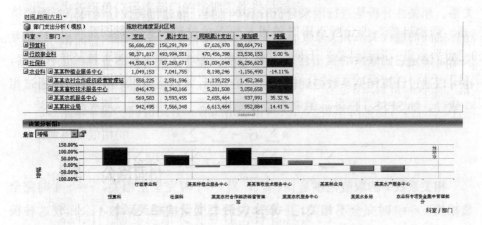

图 6-4 预警分析示例图

6.3.2.3 80/20分析（二八分析）

80/20效率法则（the 80/20 principle），又称为帕累托法则、帕累托定律、最省力法则或不平衡原则。此法则是由意大利经济学家帕累托提出的。80/20法则认为：原因和结果、投入和产出、努力和报酬之间本来存在着无法解释的不平衡。

一般情形下，产出或报酬是由少数的原因、投入和努力所产生的。原因与结果、投入与产出、努力与报酬之间的关系往往是不平衡的。若以数学方程式测量这个不平衡，得到的基准线是一个80/20关系；结果、产出或报酬的80％取决于20％的原因、投入或努力。例如，80％的财政支出用于20％的重点单位，80％的税收收入来源于20％的重点税源企业。

80/20原则包含在任何时候对原因的静态分析，而不是动态的。使用80/20原则的艺术在于确认哪些现实中的因素正在起作用并尽可能地被利用。80/20这一数据仅仅是一个比喻和实用基准。真正的比例未必正好是80％∶20％。80/20原则表明在多数情况下该关系很可能是不平衡的，并且接近于80/20。

将80/20原则应用于财政收支分析的主要思想就是怎样以最少的代价来获取最大的利益和价值——对20％重点税源户的关注可能带来80％的税收收入；对20％重点支出单位的监督可能影响80％的支出进度。

6.3.3 潜在关联趋势分析方法

6.3.3.1 相关性分析

对两个不同的经济变量进行相关性判断，确定经济变量之间是否存在相关关系。相关性分析是进行因果分析的基本工具，通过相关性分析可以判断经济指标之间的替代关系和关联度。相关性分析用来研究两个变量（x，y）的相互关系，测定它们联系的紧密程度。测定的方法可以从散点图直观的进行观察，也可以通过计算相关系数得到较为精确的判断。计算公式如下，也可以通过相应软件，如 SPSS、Eviews 软件等直接得到

$$r = \frac{n\sum xy - \sum x \sum y}{\sqrt{n\sum x^2 - (\sum x)^2} \times \sqrt{n\sum y^2 - (\sum y)^2}}$$

相关系数 r 的取值范围是 $|r| \leqslant 1$，当 $r=1$ 时完全正相关，$r=-1$ 时完全负相关，$r=0$ 时完全不相关。一般来说两个变量的相关系数不会出现这种极值，而是位于中间的某个区间，通常有这样的区间划分：

如果$|r| > 0.80$时具有强的相关关系；

如果$0.3 < |r| < 0.80$时具有弱的相关关系；

如果$|r| < 0.30$时认为没有有效的相关关系。

例，考察区域的经济发展和财政收入的相互关系，为方便比较，选取两个区域的 GDP 和财政收入指标进行分析。先用散点图进行观察，可以看到地区 1 的财政收入和 GDP 存在较强的相关关系，说明该地区的财政收入和经济是密切相关的。而地区 2 的财政收入和 GDP 存在较弱的相关关系，可能因为税源结构的差异、政策等因素造成财政收入和经济的发展不是密切相关。进一步通过计算相关系数，可以看到地区 1 的财政收入和 GDP 的相关系数达到 0.953，而地区 2 的相关系数是 0.782。强相关性和弱相关性比较如图 6-5 所示。

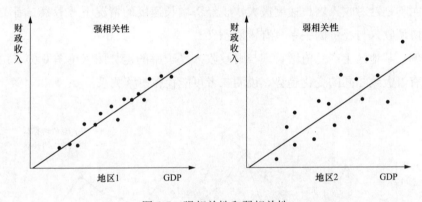

图 6-5　强相关性和弱相关性

此外，值得注意的是，相关分析不是因果分析，没有对两个变量的因果关系进行判断，在回归分析中更强调自变量和随之而变的因变量。相关系数的计算方法是以直线关系为前提的，如果是曲线关系，则相关系数方法计算时会出现错误的结果。

6.3.3.2　协整分析

协整分析是计量经济学里常用的分析方法，通常用于处理非平稳时间序列的关系。考察序列之间是否存在一种长期的均衡关系，如收入增长和经济增长是否在长期内保持协调一致的发展趋势。协整分析一般是要在较长时间内对时间序列进行分析，因为经济指标的变化往往在长期内才能看出一定的趋势和一致性，短期则更多地表现为失衡，不协调的形态。

假设两个非平稳时间序列 X_t，Y_t，存在一个非零向量 $A=(A_1，A_2)$，使得 $A_1X_t+A_2Y_t$ 是一个平稳序列，就称时间序 X_t，Y_t 之间存在协整关系。A 就称为协整向量。存在协整关系的两个时间序列具有某种长期均衡的关系，因此即使它们在短期内由于某种原因而偏离了均衡状态，但这种偏离是暂时性的，随着时间的推移，这种偏离的趋势将会消失，序列间的关系又会回到均衡状态。此外，配合协整分析的还有误差修正模型（ECM），用来反映具有协整关系的两个时间序列在短期波动中偏离他们长期均衡关系的程度。

协整分析在财政收支分析中用于分析财政收入增长和经济增长在长期是否存在均衡关系，并以此建立误差修正模型，研究经济增长率的短期波动对财政收入增长所造成的影响。这种方法在当前的收入计量分析中被越来越多的采用，尤其是针对收入增长速度极大快于经济增长速度的情况下，考察二者的变动对协调收入与经济的关系具有重要意义。

例，某地区生产总值增长率与财政收入增长率的走势图（见图 6-6），两条曲线有着大致相同的变化趋势，说明二者可能存在协整关系。

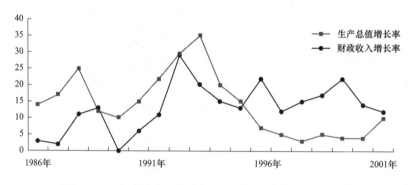

图 6-6　生产总值增长率和财政收入增长率协整关系图示

利用协整检验，确立生产总值增长率与财政收入增长率确实存在协整关系，并得到协整回归方程

财政收入增长率＝10.43＋0.21×生产总值增长率

这说明该地区的财政收入增长和经济增长在长期内存在均衡一致的关系，虽然短期内有失衡现象，但总能在未来时间进行修正，使两条曲线之间的分离不会太大。从这条曲线来看，虽然财政收入增长率近几年来高于生产总值增长率，但财政收入增长率已经开始趋于下降，而生产总值增长率也开始上升，正

逐渐趋于一致。

6.3.3.3　时间序列分析

按照时间的顺序把随机事件变化发展的过程记录下来就构成一个时间序列。时间序列分析就是对时间序列进行观察、研究、找寻它变化发展的规律，预示它将来的走势。时间序列分析方法可分为描述性时序分析和统计时序分析。

描述性时序分析是通过直观的数据比较或绘图观测（见图6-7），寻找序列中蕴含的发展规律。如财政收入的历年增长趋势，季节波动趋势等。年度财政收入数据呈现持续稳定增长。季度财政收入数据的季节性波动比较明显。

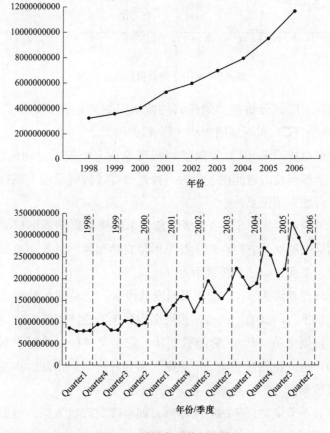

图 6-7　时间序列数据图示

统计时序分析的原理：事件的发展通常都具有一定的惯性，这种惯性用统计的语言来描述就是序列值之间存在一定的相关关系，这种相关通常具有某种统计规律。时序分析方法的目的是找出时序值之间相关关系的统计规律，并拟合出适当的数学模型来描述这种规律，进而利用这个拟合模型来预测未来的走势。

对于时间序列数据（按年/按月）的柱型图、折线图，形成趋势变化，可以利用指数平滑等技术对折线图进行趋势拟合（见图 6-8）。

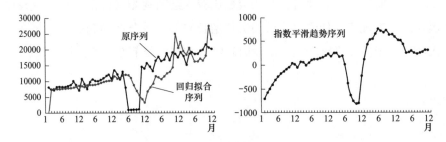

图 6-8　时间序列数据趋势拟合图

传统的时间序列分析把时间序列的波动归结为趋势变动（T）、季节变动（S）、循环变动（C）和不规则变动（I）四大因素。

（1）长期趋势因素（T）反映了经济现象在一个较长时间内的发展方向，它可以在一个相当长的时间内表现为一种近似直线的持续向上或持续向下或平稳的趋势，可能含转折点。

（2）季节变动因素（S）是经济现象受季节变动影响所形成的一种长度和幅度固定的周期波动。它存在的主要原因是自然因素，另外还有行政或法律规定以及社会、文化、宗教等传统因素。

（3）循环变动因素（C）也称周期变动因素，它是受各种经济因素影响形成的上下起伏不定的波动。通常是指周期为数年的经济周期变动。

（4）不规则变动（I）又称随机变动，它是受各种偶然因素影响所形成的不规则变动，是一种随机变动。不规则因素在什么时间出现、影响程度和持续时间都不可预测。

对于具有季节变动规律的时间序列，如季度财政收入或月度财政收入，在进行分析时除了进行惯常的趋势因素分析外，还必须考虑其季节因素，并需要对数据作相应季节调整后再进行进一步的分析。

季节调整常用的是乘法模型和加法模型。

$$乘法模型\ Y = T \times S \times C \times I$$

加法模型 $Y=T+S+C+I$

其中乘法模型适用于 T，S，C 相关的情形，比如季节变动的幅度随趋势上升而增大。加法模型在适用于 T，S，C 相互独立的情形。要想获得合适的季节调整结果，通常需要利用连续 $3\sim5$ 年的月度数据或季度数据。

SPSS、Eviews 等主流软件都可以把季节性质的时间序列分解，得到季节因子序列和季节调整后序列。例如，用 Eviews 软件附带的季节调整方法来分析受季节影响较大的月度财政收入数据。原始数据波动比较大，趋势不明显，而季节调整后的数据去除了季节效应，显示出了明显的增长趋势，如图 6-9 所示。

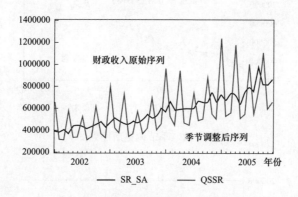

图 6-9　财政收入数据原始序列图

经过季节模型分解的季节因子可以看到一年的不同月份财政收入的差异。一年中 1 月最高，4 月、7 月和 10 月的收入也高于其他月份，如图 6-10 所示。

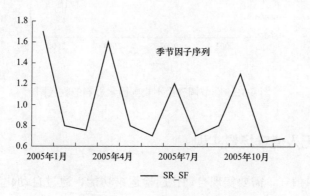

图 6-10　季节因子序列图

影响收入的四个因素中，一般来说对长期趋势和循环变动的分析都是以季节调整后的序列为基础的。趋势和循环因素一般难以严格区分开，常放在一起进行分析，图 6-11 中较光滑的虚线即代表了趋势和循环因素影响的财政收入，反映收入的基本水平，包括长于一年的变动和循环，以及可能含有的转折点。波动较大的是季节调整后的收入序列，中间相差的数量是代表不规则因素影响的收入量，如图 6-12 所示。

图 6-11　季节调整后序列图

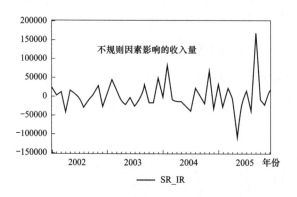

图 6-12　季节调整后不规则因素影响的收入图

6.4　无人值守场景实现

无人场景值守，需要实现自动化巡检运维功能，通过自动化工具帮助多数据中心快速定位并进行远程操作的优秀功能。要想实现无人场景值守的实现，需要围绕以下几点来探讨。

1. 开发自动化巡检工具

实现对运维不同的巡检场景和需求形成定制化的巡检任务，巡检指标的自动采集、自动分析和巡检报表的自动生成。自动化巡检对象覆盖网络、主机、网络设备、安全设备、操作系统、中间件等，并根据不同巡检对象采用协议采集、指令采集、代理采集等方法区别对待。具体建设内容如下：

（1）设计自动化巡检工具，兼容工具中心、场景中心接口集成标准。

（2）开发巡检策略功能模块，实现巡检规则库、巡检调度计划、巡检处理策略管理。

（3）开发巡检任务功能模块，实现巡检任务调度、巡检任务执行、巡检结果处理功能。

（4）开发巡检报告管理模块，实现根据巡检情况生成即时报告、日报告、周报告、月报告、年报告等。

2. 开发自动化部署工具

实现对传统架构下物理主机操作系统、中间件、数据库的安装，虚拟化架构下虚拟资源（如虚拟主机、虚拟网络、虚拟存储等）的创建，以及基于Linux 内核虚拟化技术（LinuX Container，LXC）的应用容器和容器配套资源的自动化部署。具体建设内容如下：

（1）设计自动化部署工具，兼容工具中心、场景中心接口集成标准。

（2）开发部署策略管理功能模块，部署介质管理及部署环境管理。

（3）开发部署任务管理功能模块，提供任务配置、任务监测管理。

（4）开发部署验证管理功能模块，部署状态进行验证，以确保自动部署的合规性、完整性和可用性。

3. 开发合规性检测工具

面向业务系统及其运行所需的服务器、中间件、数据库、虚拟化平台等检测其标准化部署工艺合规性，以掌握业务系统的运行健康状态，使系统的运行环境处于最佳状态。具体建设内容如下：

（1）设计合规性检测工具及标准化工艺部署规范。

（2）开发基础环境检查模块，实现对业务系统上线前及运行过程中的硬件配置自动化检查。

（3）开发操作系统环境检查模块，实现对业务系统上线前及运行过程中的操作系统参数配置自动化检查。

（4）开发中间件配置检查模块，实现 Weblogic、Tomcat、Ngnix 等中间件部署环境及参数配置自动化检查。

（5）开发数据库配置检查模块，实现对业务系统上线前及运行过程中的主机操作系统参数配置自动化检查。

（6）开发虚拟化平台配置检查模块，实现对业务系统上线前及运行过程中的主机操作系统参数配置自动化检查。

4. 开展自动化运维工具本地设计及实施

梳理信息系统自动化巡检、部署本地需求，设计本地运维自动化方案，实现自动化巡检、自动化部署和合规性检查工具与已有运维系统、运维工具的集成。

此处展示一个无人值守场景实现的案例，该案例是某公司的一个运维自动化工具开发科技项目。在针对如何实现运维自动化的过程中，有关于无人场景值守的描述：

（1）整体描述。通过运维自动化总体设计，预计达到以下目标：

实践应用"大云物移"等新技术，通过新技术的应用提升公司信息系统运维水平；

加强运维自动化体系建设，实现基于场景中心、工具中心的自动化巡检、自动化事件处理、自动化部署、自动化配置及自动化资源调度等功能，确保信息系统可控、能控、在控；

实现信息系统运维的全业务监视和全流程控制，实现统一智能运维，提高工作效率。

（2）技术简介。要实现自动化运维，还需要注意以下技术需求：

1）自动化巡检。需求包括软件巡检、硬件巡检和合规性检查三部分内容。软件巡检自动化实现对主机操作系统、网络系统、安全设备、数据库、中间件、应用系统、存储系统、环境系统的数据自动化采集，并能够动态更新；硬件巡检自动化实现对服务器、小型机、存储设备、交换机等物理设备运行数据的自动化采集和分析告警，设计预警机制，提前预警，避免人工进行设备巡检频率低、故障发现晚等问题；合规性检查自动化实现对软、硬件的安全、运行指标针对规范要求进行批量检查，生成合规性巡检报告和整改建议，将整改建议输出至自动化部署功能，进行批量整改。

2）自动化部署。包括配置部署和监控部署两部分内容，配置部署需要实现软件、应用程序的自动部署，实现操作系统、数据库、中间件、代理工具等软件的自动安装，根据需要，配置安装参数，定制安装流程，实现批量的自动化安装部署及软件升级。对安装进度和过程进行详细记录和可视化展示，详细记录安装过程中各个节点的安装状况。监控部署主要实现对运维监控对象的自动全面发现，新增监控对象能够及时自动进行监控发现和部署，并对运维人员进行提示，实现运维工作无死角。

3）自动化发布。需要实现发布流程的自动审核，发布操作的自动执行、发布结果的自动验证和归档。同时，以业务系统为单位，对发布历史数据进行总结，分析规律，辅助运维方对发布质量进行评价。

4）自动化事件处理。需要将主机、存储、数据库、中间件、操作系统等运维对象的异常处理操作实现自动化。根据运维标准规范，对典型运维操作的步骤、流程进行标准化，通过监控告警触发事件，根据预先设定的策略（包含人工干预或全自动）触发操作动作，提高日常异常处理效率、避免人为误操作。

5）自动化资源调度。实现业务系统的使用状况对软、硬件资源进行动态调配，自动调整系统运行方式，如在业务峰值时期的软、硬件资源能够保证系统的高性能运行，在业务闲时能够将软、硬件资源进行回收，分配给其他峰值业务使用，以实现资源的合理利用；在业务系统情况不足时，动态为业务系统增加计算资源等。

7 多数据中心人员和管理

7.1 人员配置

运维人员是开展一切运维服务工作的主体，打造一支专业、合格、素质优良的运维服务人才队伍，是运维服务体系落地的重要保障。信息运维服务体系队伍建设在各种专业技术人员技术培训等制度文件的指导下，形成"明确人员能力要求、评估人员胜任力、开展人才培训、开展人才评价"的队伍建设思路，建立基于人员胜任能力的培训评价工作机制，实现培训、评价、取证、上岗的有效联动，做到"让合格的人上岗，让在岗的人合格"，促进员工在位、谋事、尽责，助推运维人员的职业生涯发展，为 CSG II 企业管理信息系统的平稳、安全运维提供坚实的人才保障。队伍建设工作思路见图 7-1。

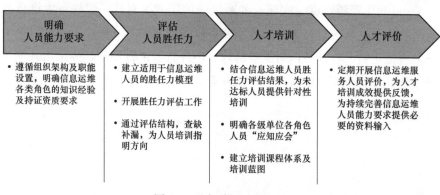

图 7-1　队伍建设工作思路

7.2　管理要点

7.2.1　运维管理

从运维职能出发，运维管理包括日常维护管理、巡检管理、缺陷管理、故障管理、系统优化、运维资源管理及运维管控七个业务事项。

（1）日常维护管理。指对常规开展的不影响信息系统运行方式的运维工作进行管理，如机房除尘、系统数据备份等。

（2）巡检管理。巡视、检查运维对象的运行状况分为定检和临检。定检是定期对运维对象进行巡检；临检是临时性对运维对象进行巡检。

（3）缺陷管理。缺陷是指发生的将影响运维对象安全可靠运行、性能、寿命或服务质量的异常或隐患；缺陷管理是指缺陷处理过程的管理。

（4）故障管理。故障是指在没有预先安排的情况下出现的用户服务中断。故障管理指故障处理过程的管理。

（5）系统优化。指对应用系统、软硬件平台、基础设施的增强与优化工作。

（6）运维资源管理。包括运维工具与备品备件管理及运维信息资源管理。运维工具与备品备件管理指对运维工具、备品备件、仪器仪表等进行统一管理。运维信息资源管理指对桌面资源、平台软件资源、信息机房、网络资源、计算资源、存储资源等运维信息资源及账号、权限的申请受理、交付使用、回收。

（7）运维管控。指运维期间对运维业务的管控活动，包括运维评估、运维报告、应用系统投运前的准备工作、应急预案修订及应急演练、运维期间对系统的测试工作，包含发布测试及补丁测试前的验证测试等。

7.2.2 服务管理

从服务交付、服务支持两个方面开展服务管理工作。

（1）服务交付。指从业务部门需求出发，面向业务部门的服务管理，包括服务级别管理、服务能力管理、服务连续性管理、服务报告管理及业务关系管理5个标准流程。

（2）服务支持。指由用户事件或请求触发的，面向IT终端用户的服务管理，包括变更管理、发布管理、配置管理、服务台管理、事件管理、请求管理、问题管理、知识管理8个标准流程。

7.2.3 调度管理

调度管理是对信息系统运行方式的统一规划，对信息运维资源的统筹管理与统一分配，并对运行方式有较大影响的运维操作方案的统一管理，是对信息运维作业的计划安排，对信息系统、IT设备实施运行状态及运维作业的监控、组织、指挥和协调，调度管理包括作业计划管理、运行监控与分析、运行调度指挥等业务事项。具体内容如下：

（1）作业计划管理。指对作业计划的收集、捏总和协调、审批及发布，并对计划的执行情况进行汇总报告。作业计划包括运行作业计划和非运行作业计划。

（2）方式安排。指在复杂变更作业时，组织安排各专业人员共同开展方案编制，同时统一开展系统信息运维资源的统筹管理与分配。

（3）运行监测与分析。指对系统运行指标以及运维活动指标的统一运行监测与评估分析，识别潜在问题并进行预警。系统运行指标包括应用系统可用率、服务器 CPU 利用率、服务器内存使用率、数据库运行指标等；运维活动指标包括巡检、故障、缺陷、应用维护等任务的处理量、处理时效等。

（4）运维调度指挥。指对系统投退运、复杂变更、故障处理、应急演练和应急抢修等作业的执行过程进行协调跟踪及指挥。

7.2.4 调运检服业务衔接

依据信息运维管理模式，以服务管理（即"服"）流程为主线，在服务台、请求管理、事件管理、问题管理、变更管理等流程中衔接运行调度管理（即"调"）、运维管理职能（即"运检"），实现调运检服业务衔接。

7.2.4.1 在服务台、请求管理环节（见图 7-2）

在服务台管理、请求管理流程流转过程中涉及运维管理职能中的运维资源管理、巡检管理及运行调度管理职能中的运维调度指挥、运行检测与分析。

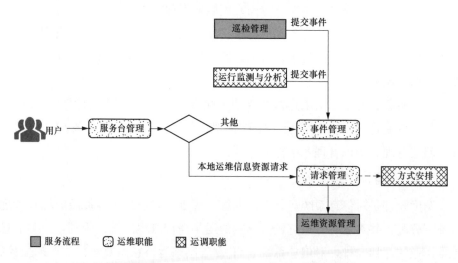

图 7-2 服务台、请求管理环节中业务衔接示意图

（1）在请求管理流程中调用运维资源管理职能，统一管理运维信息资源的申请受理、交付使用、回收。同时，由方式安排统筹管理部分与运行方式相关的资源申请，组织制定方式方案，并对资源使用情况进行统计分析。

（2）巡检管理中发现的异常以及调度值班的运行监测与分析发现的告警以事件形式记录及跟踪。

7.2.4.2　在事件管理、问题管理环节（见图7-3）

在事件管理、问题管理流程中涉及故障管理、缺陷管理、系统优化等运维管理职能及运维调度指挥、作业计划管理等运行调度管理职能。

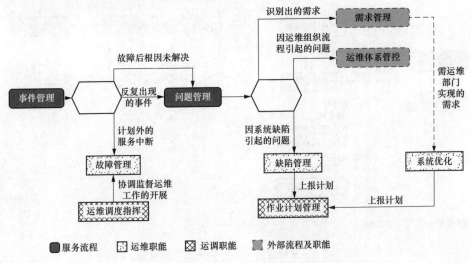

图7-3　事件管理、问题管理环节中业务衔接示意图

（1）事件管理流程中涉及计划外的服务中断时调用故障管理职能进行事件处理；在处理过程中需同步处理信息给调度，调度监控运维人员事件处理过程，在必要情况下对事件处理进行干预；临时运维作业在处理完成后临时作业计划也需统一备案。

（2）问题管理流程中，调用缺陷管理职能对因系统缺陷引起的问题进行处理，调用系统优化职能对从问题中识别出的需运维部门实现的需求进行处理；在处理过程中需同步处理信息给调度，调度监控运维人员事件处理过程，在必要情况下对事件处理进行干预；调度人员对本单位运维作业的计划日程安排进行收集、审批、捏总和协调，形成本单位作业计划，经审批后发布；临时运维作业在处理完成后临时作业计划也需统一备案。

（3）调度负责分派、协调各类需三线支持人员处理的事件、问题、请求、变更申请。

7.2.4.3 在变更管理环节（见图 7-4）

在变更管理流程中涉及作业计划管理、方式安排、运维调度指挥等运行调度管理职能。

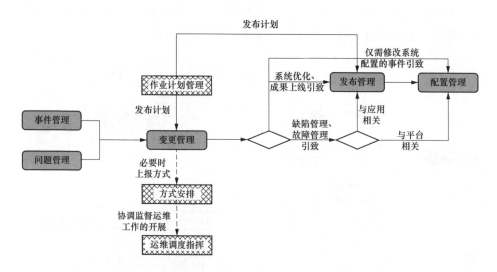

图 7-4 变更管理环节中业务衔接示意图

（1）所有变更、发布需依据计划开展作业。

（2）当复杂变更（如系统投运、退运、迁移或者其他涉及多个专业的复杂变更）申请发生时，由运行方式人员负责组织相关三线支持人员编制变更方案并组织审批。

（3）方式安排审批后的计划作业在执行过程中由运维调度指挥进行协调监督。调度控制运行方式有较大影响运维作业的开始和结束，检查过程管控点。

7.2.5 与安全管理业务衔接

安全稳定运行是信息运维工作的核心目标，防范和控制好信息运维工作中的安全风险是保障安全稳定运行的关键措施。运维人员在执行运维服务核心业务时需考虑信息系统中是否存在安全隐患、跟踪并获得相应的漏洞补丁、及时修复信息系统安全问题。同时，与专业的信息安全人员加强沟通协作，开展安全运维工作与安全管理，保障物理安全、网络安全、主机安全、应用安全、数据安全等。

（1）安全的运维遵循标准的运维流程。运维服务过程中的安全事件从事件管理流程上报。统一事件管理入口，将安全管理融合到运维服务流程中。同时，以计划为龙头，统一安全维护管理，包括环境管理、资产管理、介质管理、设备管理、监控管理和安全管理中心、网络安全管理、系统安全管理、恶意代码防范管理、密码管理、变更管理、备份与恢复管理、安全事件处置、应急预案管理等工作。

（2）运维过程要严格遵从安全管理要求。运维人员开展运维服务业务时需遵从相关安全管理标准，包括信息运维人员安全管理、信息运维外包安全管理、信息运维场地安全管理、信息运维操作安全、信息访问安全及信息安全审计管理等管理要求。

8 协同团队构建

8.1 信息运维人员能力要求

根据运维队伍组织架构及角色职责，明确各角色的具体能力要求，为信息运维服务队伍的能力建设提供依据。人员角色能力要求包括经验知识及持证建议两部分。

8.1.1 经验知识

对于公司人员，要求具备 5 年或以上信息及相关专业工作经验（校园招聘员工除外）；对于分子公司人员，要求具备 3 年或以上信息及相关专业工作经验（校园招聘员工除外），所有角色人员均须熟悉电力和 IT 行业的国家法律、法规、制度、规范，熟悉电力企业经营管理业务。各角色的其他具体知识技能要求见表 8-1。

表 8-1　　　　　　　　　　信息运维队伍人员经验知识要求

序号	角色	经验知识
1	运行方式人员	(1) 熟悉 ITIL/ITSS 等信息服务管理体系知识。 (2) 熟悉信息系统运行方式、技术架构及运行计划管理。 (3) 熟悉信息系统及 IT 设备各类作业方式和投退运操作。 (4) 熟悉信息系统及 IT 设备资源统计管理，能够进行资源使用状况分析、预测。 (5) 熟悉信息系统、IT 设备设施、信息安全事件应急管理
2	调度人员	(1) 熟悉 ITIL/ITSS 等信息服务管理体系知识。 (2) 具备信息系统研发或维护相关经验。 (3) 熟悉信息系统及 IT 设备运行状态监测管理。 (4) 具备良好的协调指挥及故障处理能力。 (5) 具备组织执行应急方案，指挥应急演练的能力

序号	角色	经验知识
3	服务台运维人员	(1) 熟悉 ITIL/ITSS 等信息服务管理体系知识。 (2) 熟练掌握信息运维服务用语。 (3) 熟悉个人计算机及相关外部设备（打印机、扫描仪等）、Windows、Office、WPS、邮件、IE、防病毒等软件的使用或维护。 (4) 具备服务数据分析和制定相应对策能力。 (5) 熟悉 IT 服务流程，具备流程设计和优化能力。 (6) 熟练使用呼叫系统和信息服务管理系统。 (7) 能熟练使用文字、表格和图文演示软件工具
4	桌面运维人员	(1) 熟悉 ITIL/ITSS 等信息服务管理体系知识。 (2) 熟练掌握信息运维服务用语。 (3) 熟悉个人计算机及相关外部设备（打印机、扫描仪等）、Windows、Office、WPS、邮件、浏览器、防病毒软件等软件的使用或维护。 (4) 对计算机终端常见故障具有快速诊断和解决的能力。 (5) 能熟练使用文字、表格和图文演示软件工具。 (6) 熟悉终端运维服务的相应指标和标准
5	存储管理员	(1) 熟悉 ITIL/ITSS 等信息服务管理体系知识。 (2) 熟悉 Unix、Linux、Windows 操作系统。 (3) 熟悉 XP/3PAR/EVA/NETAPP/EMC/SAN 网络存储等相关存储运维管理。 (4) 熟悉存储设备、备份系统的配置与管理。 (5) 具备容量管理知识和容量分析、管理能力
6	网络管理员	(1) 熟悉 ITIL/ITSS 等信息服务管理体系知识。 (2) 熟悉主流的局域网、广域网（交换、路由、协议、网管）等技术，熟悉路由器、交换机、防火墙、服务器等设备的配置
7	主机管理员	(1) 熟悉 ITIL/ITSS 等信息服务管理体系知识。 (2) 熟悉 Unix、Linux、Windows 操作系统，精通 Unix、Linux、Windows 的安装维护。 (3) 熟悉服务器硬件体系架构，有一定服务器硬件维护基础
8	中间件管理员	(1) 熟悉 ITIL/ITSS 等信息服务管理体系知识。 (2) 熟悉 Unix、Linux、Windows 操作系统，精通 Unix、Linux、Windows 的安装维护，熟练掌握 Weblogic 的配置与管理。 (3) 熟悉 WebServer 相关知识（如 Nginx，Apache）、熟悉中间件相关知识（如 Tomcat，Weblogic)
9	数据库管理员	(1) 熟悉 ITIL/ITSS 等信息服务管理体系知识。 (2) 熟悉 Unix、Linux、Windows 操作系统，精通 Unix、Linux、Windows 的安装维护，有 Oracle、Informix 或 DB2 数据库管理经验，熟练掌握 Oracle、SQLServer 数据库的配置与管理，能够熟练运用 PLSQL 工具，熟悉主流软件开发技术，熟练掌握一种主流开发语言。 (3) 了解常见 Web 系统架构，了解 Linux 下 Web 服务软件的安装、配置、管理及优化，如 Nginx、Apache、Mencatch、Varnish、Redis 等。 (4) 了解 Mysql、Oracle 数据库安装、配置、调优，了解 MysqlHA 架构。 (5) 了解 Shell、Perl、Python、Php 等编程语言

续表

序号	角色	经验知识
10	机房管理员	(1) 熟悉 ITIL/ITSS 等信息服务管理体系知识。 (2) 熟悉计算机硬件、应用软件及周边设备的管理和维护。 (3) 熟悉大型计算机机房设备管理和维护。 (4) 熟悉 UPS、蓄电池、精密空调等机房设备日常维护管理。 (5) 熟悉机房监控、消防、门禁安保、综合布线及进出管理工作
11	CSGⅡ企业管理信息系统代码支持人员	(1) 熟悉 ITIL/ITSS 等信息服务管理体系知识。 (2) 熟悉软件工程理论，熟悉系统架构设计的相关知识，对项目过程管理有较好的理解，掌握 CMMI、PMBOK、Prince2 等一种或以上项目管理理论体系。 (3) 熟悉软件开发相关知识，熟悉 SOA 的技术路线，精通 C++、Java、JSP 等一种或以上主流程序开发语言。 (4) 熟悉数据库的开发和管理，精通 Oracle、DB2、SQLserver 等一种或以上的主流数据库知识
12	CSGⅡ企业管理信息系统管理员	(1) 熟悉 ITIL/ITSS 等信息服务管理体系知识。 (2) 熟悉信息系统基础架构平台相关领域技术和运维技术。 (3) 熟练掌握信息运维服务用语。 (4) 熟练使用信息服务管理系统
13	本地应用系统管理员	(1) 熟悉 ITIL/ITSS 等信息服务管理体系知识。 (2) 熟悉信息系统基础架构平台相关领域运维技术。 (3) 熟练掌握信息运维服务用语。 (4) 熟练使用信息服务管理系统

8.1.2 持证建议

为培养运维队伍的技术能力，对各角色的建议持有证书说明见表 8-2（不同层级人员的持证要求由各单位具体规定）。

表 8-2　　　　　　　　信息运维队伍人员建议持证资质要求

序号	角色	建议持有证书
1	运行方式人员	ITSS 或 ITIL 认证 计算机技术与软件专业资格（水平）考试中级或以上证书 全国计算机等级考试四级证书
2	调度人员	ITSS 或 ITIL 认证 计算机技术与软件专业资格（水平）考试中级或以上证书 全国计算机等级考试四级证书
3	服务台运维人员	ITSS 或 ITIL 认证 全国计算机等级考试证书
4	桌面运维人员	ITSS 或 ITIL 认证 全国计算机等级考试证书

序号	角色	建议持有证书
5	存储管理员	ITSS 或 ITIL 认证 计算机技术与软件专业资格（水平）考试初级或以上证书 全国计算机等级考试四级证书 EMC/HP/HUAWEI 助理级/专业级/专家级认证
6	网络管理员	ITSS 或 ITIL 认证 计算机技术与软件专业资格（水平）考试初级或以上证书 全国计算机等级考试三级"网络技术"证书/四级"网络工程师"证书 Cisco CCNA/CCNP/CCIE 认证 Microsoft MCSE 认证 H3CNE/H3CSE/H3CTE/H3CIE 认证
7	主机管理员	ITSS 或 ITIL 认证 计算机技术与软件专业资格（水平）考试初级或以上证书 全国计算机等级考试四级证书 Microsoft MCSA 认证 REDHAT/IBM/HP/Linux 认证
8	中间件管理员	ITSS 或 ITIL 认证 计算机技术与软件专业资格（水平）考试初级或以上证书 全国计算机等级考试四级证书 Weblogic/Websphere/JBoss 认证
9	数据库管理员	ITSS 或 ITIL 认证 计算机技术与软件专业资格（水平）考试初级或以上证书 全国计算机等级考试三级"数据库技术"证书/四级"数据库工程师"证书 Oracle OCA/OCP/OCM 认证 Microsoft MCDBA 认证 Linux/Unix 认证
10	机房管理员	ITSS 或 ITIL 认证 计算机技术与软件专业资格（水平）考试初级或以上证书 全国计算机等级考试四级证书 机房运维与管理工程师资格证书
11	CSG Ⅱ 企业管理信息系统代码支持人员	ITSS 或 ITIL 认证 计算机技术与软件专业资格（水平）考试初级或以上证书 全国计算机等级考试三级"嵌入式系统开发技术"证书/四级"嵌入式系统开发工程师"证书 SCJP 认证 SCJD 认证 Java 认证 Microsoft MCAD/MCSD 认证 Linux RHCE 认证 软件工程师 Linux/Unix 认证

序号	角色	建议持有证书
12	CSG Ⅱ 企业管理信息系统管理员	ITSS 或 ITIL 认证 计算机技术与软件专业资格（水平）考试初级或以上证书 全国计算机等级考试四级证书 Microsoft MCP/MCSE 认证 Linux RHCSA/RHCA 认证
13	本地应用系统管理员	ITSS 或 ITIL 认证 计算机技术与软件专业资格（水平）考试初级或以上证书 全国计算机等级考试四级证书 Linux RHCSA/RHCA 认证

8.2 信息运维人员胜任力保障

建立信息运维人员胜任力模型，明确各角色人员胜任要素及行为评价标准，为实现人员与角色匹配提供科学的衡量方法和手段，同时为各角色的培训工作提供方向指导，为运维人员的评价、选拔和使用提供科学依据。

8.2.1 胜任要素

胜任要素对各角色人员的具体胜任内容进行了明确定义，根据胜任要素特点，划分为通用类要素和鉴别类要素两种类别。

（1）通用类要素指完成通用型工作时，所需要的素质、能力、态度和意识等，分为通用能力和班组管理两部分，通用能力包括安全意识、敬业精神、规范作业、严谨细致、团队协作、交流共享，班组管理包括基础管理、安全监管、任务管理、班组文化。

（2）鉴别类要素指从事具体角色工作时，能够区分优秀绩效与普通绩效的胜任要素，共包括 12 个要素，分别是运行调度、代码编程、系统管理、数据库运维、中间件运维、机房运维、服务器运维、存储备份运维、终端运维、信息网络运维、运维外包管理和安全作业计划。

为全面阐述胜任要素的内涵，将各胜任要素细分为不同的要素维度，形成全面、完整的信息运维人员胜任要素框架，具体见表 8-3。

8.2.2 信息运维人员胜任行为标准

信息运维人员胜任行为标准对各胜任要素进行定义，明确各要素维度的关键行为，并将关键行为划分为 A、B、C、D 四个等级，详细定义各个等级的行为准则，为后续评估工作提供评价标准。在具体评价时，以要素各维度中评价等级最低的结果作为该要素的整体评价结果。

表 8-3　　　　　　　　　　信息运维人员胜任要素框架

要素类别		序号	要素名称	要素维度			
通用类	通用能力	1	安全意识	安全理念	遵章守纪	强化监督	风险防范
		2	敬业精神	热爱工作	服从执行	乐于奉献	自信坚韧
		3	规范作业	技能掌握	执行规程	准确高效	持续改进
		4	严谨细致	熟悉流程	严谨务实	认真细致	精益求精
		5	团队协作	目标认同	协同合作	以身作则	激励他人
		6	交流共享	技能娴熟	操作示范	经验分享	共同进步
	班组管理	1	基础管理	规范执行	细化措施	科学管理	
		2	安全监督	指标管控	督促执行	事故防范	
		3	任务管理	工作安排	过程跟踪	绩效考核	
		4	班组文化	作风养成	素质提升	创新意识	
鉴别类	专业能力	1	运行调度	作业计划管理	标准执行	作业计划执行	监督指导
		2	代码编程	标准执行	作业计划执行	故障处理	系统优化
		3	系统管理	运维标准执行	作业计划执行	巡视检查	故障处理
		4	数据库运维	运维标准执行	作业计划执行	巡视检查	故障处理
		5	中间件运维	运维标准执行	作业计划执行	巡视检查	故障处理
		6	机房运维	运维标准执行	作业计划执行	巡视检查	故障处理
		7	服务器运维	运维标准执行	作业计划执行	巡视检查	故障处理
		8	存储备份运维	运维标准执行	作业计划执行	巡视检查	故障处理
		9	终端运维	运维标准执行	作业计划执行	巡视检查	故障处理
		10	信息网络运维	运维标准执行	作业计划执行	巡视检查	故障处理
		11	运维外包管理	外包标准管理	作业计划执行	作业监督	跟踪改进
		12	安全作业计划	信息收集与分析	计划编制	计划下达	监督指导

8.2.3　信息运维人员胜任力模型

依据各角色的能力要求、胜任要素及行为标准，明确各角色的胜任力要素等级，形成一套体系化、科学化的信息运维人员胜任力模型。胜任力模型对各个角色在各个胜任要素的行为标准等级进行了明确定义。在实际评估中，只有所有的评估要素均达到了规定的等级才能判定该人员胜任相应角色工作。信息运维人员胜任力模型具体见表 8-4。

表8-4 信息运维人员胜任力模型

| 能力分类 | | 通用类 | | | | | | | | | | | | | 鉴别类 | | | | | | | | | |
| 对应角色 | | 通用能力 | | | | | | | 班组管理 | | | | | 专业能力 | | | | | | | | | | |
序号	角色	安全意识	敬业精神	规范作业	严谨细致	团队协作	交流共享	基础管理	安全监督	任务管理	班组文化	运行调度	代码编程	系统管理	数据库运维	中间件运维	机房运维	服务器运维	存储备份运维	终端运维	信息网络运维	运维外包管理	安全作业计划
1	运行方式人员																						
2	调度人员																						
3	服务台运维人员																						
4	桌面运维人员																						
5	存储管理员																						
6	网络管理员																						
7	主机管理员																						
8	中间件管理员																						
9	数据库管理员																						

续表

能力分类		通用类											鉴别类										
		通用能力				团队协作		班组管理					专业能力										
序号	角色	安全意识	敬业精神	规范作业	严谨细致	团队协作	交流共享	基础管理	安全监督	任务管理	班组文化	运行调度	代码编程	系统管理	数据库运维	中间件运维	机房运维	服务器运维	存储备份运维	终端运维	信息网络运维	运维外包管理	安全作业计划
10	机房管理员																						
11	CSGⅡ企业管理信息系统代码支持人员																						
12	CSGⅡ企业管理信息系统管理员																						
13	本地应用系统管理员																						

8.3　人员培训

8.3.1　培训类型

坚持"以我为主"的指导思想，通过入职培训、见习培训、定期培训、专家帮带、认证培训、供应商交流等措施，健全运维队伍人才培养及认证机制，提高信息运维队伍的专业水平。

1. 入职培训

在新员工入职一个月内组织完成入职培训及考试评价工作，培训内容包括：公司及部门介绍、公司规章管理制度、组织架构、工作内容、礼仪及行为规范等。培训完毕后，组织受训人员进行考试。

2. 见习培训

新员工完成入职培训并经考试认定合格后，须参与见习培训。见习培训采用"师傅带徒弟"的方式，为每位新上岗的技能操作类运维人员安排同一单位内具有丰富经验的运维人员作为职业导师，并在相应单位运维部门安排一定时间的见习期。见习期内，职业导师负责新员工的学习与培训，通过理论讲解、实际操作等多种方式使新员工充分了解公司 CSG Ⅱ 企业级管理信息系统、本单位系统及其运行环境的基本情况。

3. 定期培训

在各级信息化运维队伍中设置培训专员，负责制定本单位的培训计划，牵头组织日常运维工作规范、运维服务工具、业务技能等培训。

在各级信息化运维队伍中开展"人人上讲台"活动，从员工中挑出工作能力、业务知识较强的人员组成业务辅导员小组，轮流定期对本单位运维人员进行专题的集中培训。每期的培训主题可通过问卷调研等方式广泛收集本单位运维人员的学习意向，并结合公司 CSG Ⅱ 企业级管理信息系统运维现状、信息技术发展趋势等内外部情况进行确定，加强培训针对性和适用性，增强培训效果。

4. 专家帮带

定期邀请公司外部或内部专家到各级运维部门驻点监督，指导各级运维人员的日常工作，通过理论授课、沟通交流、现场答疑等方式提高公司运维人员的业务能力及工作规范性。

5. 认证培训

加大对 ORACLE OCA \ OCP \ OCM、CISCO CCNA \ CCNP \ CCIE、Microsoft MSCE \ MCP \ MCDBA \ WEBLOGIC 等国际专业资格认证的培训力度，每年定期组织各单位运维人员参与培训，鼓励各级运维人员取证，努力培养一批具备核心网络、中间件、数据库运维能力的专家型运维技术人才。

6. 供应商交流

与具备先进信息化运维经验的供应商建立交流学习机制，定期从公司各单位选拔部分信息运维人员，与先进企业进行学习交流，通过理论教学、观摩学习、实际操作、座谈研讨等方式全方位吸收先进信息化运维经验。

8.3.2 培训课程体系

以信息运维队伍角色体系为基础，依据信息运维人员胜任力模型及评价标准，规范各类角色人员的培训课程，规划形成以公司一体化培训课程为主、各单位差异化特色课程为补充的信息化运维培训课程体系及教材资源库，为信息运维队伍人才培养提供保障。

具体培训课程体系请见《公司专业技术人员培训规范》。

8.3.3 培训蓝图

结合培训课程体系，明确公司信息运维队伍各角色人员具体需参与的课程，同时指出与各角色重点关联的培训课程，形成公司信息运维队伍培训蓝图，为各级单位运维部门的培训工作提供指导。

培训蓝图将各类运维角色需要掌握的知识点划分为"参与培训，重点评价"和"自主学习，基本掌握"两种类型。对于"参与培训，重点评价"的知识点，要求相应角色人员参与相关的培训课程并参与考试评价，对于"自主学习，基本掌握"的知识点，要求相应角色人员结合培训教材，自行学习，基本掌握相应知识。

8.4 人员评价

8.4.1 信息运维人员胜任力评估建议

对于新到任的员工，建议依据信息运维人员胜任能力评价标准和培训规范等，对拟上任员工进行胜任能力培训与评价，通过培训、评价、取证、上任，确保让合格的人上任。

对于在任的员工，建议每年定期开展胜任力评估，识别未能满足胜任能力要求的员工，要求其开展差距分析工作，了解自身水平与规定的胜任标准间的差距，同时结合公司运维培训课程体系，安排其参加离岗培训，对离岗培训后经评价仍不合格的员工再安排转岗培训，员工离岗培训和转岗培训总时间不应超过一年。员工经离岗或转岗培训评价合格的，用人单位应安排其重新上岗；员工经转岗培训后评价不合格的或者重新上岗后一年内业绩评价仍不合格的，用人单位可按有关规定与其解除劳动合同。每年的新上岗员工和在岗员工胜任力评价工作由公司统一发起，同时进行，各级单位运维工作归口管理部门负责本单位的评价工作。

8.4.2　个人月度评价建议

月度评价指标是各级运维单位用于评价具体运维人员的指标，根据评价对象分为一线人员、二线人员、三线人员，其中一线人员 12 个评价指标，二线人员 11 个评价指标，三线人员 10 个评价指标，具体见表 8-5。

具体指标的年度目标值如表 8-5 所示，其中需由运维单位制定目标值的指标，由各级运维单位自行制订当年的指标目标值。在开展个人月度评价工作时，采用目标值区间法进行评分。目标值区间法指通过对比指标实际完成值和目标值，根据二者间的大小关系进行评分。

对于目标值越大越好的指标，当实际值大于或等于目标值时，得 100 分；当实际值小于目标值，但大于或等于目标值的 90%时，得 80～99 分，每偏差 0.5 个百分点降 1 分；当实际值小于目标值的 90%，但大于或等于目标值的 80%时，得 60～79 分，每偏差 0.5 个百分点降 1 分；当实际值小于目标值的 80%时，得 0 分。

对于目标值越小越好的指标，当实际值小于或等于目标值时，得 100 分；当实际值大于目标值，但小于或等于目标值的 110%时，得 80～99 分，每偏差 0.5 个百分点降 1 分；当实际值大于目标值的 110%，但小于或等于目标值的 120%时，得 60～79 分，每偏差 0.5 个百分点降 1 分；当实际值大于目标值的 120%时，得 0 分。

表 8-5

信息运维队伍个人月度评价指标

评价对象	指标		计算方法	目标值	评分办法
一线人员	工作量	接通量	接通量＝实际接通的来电数量	无	无
		平均客户满意度	∑（满意度）/统计次数	≥80	目标值区间法
		派单超时率	在目标时间之内一线人员按照优先级分派的事件数量/事件总数量	<10%	目标值区间法
	工作质量	录单率	生成事件总数/座席接听电话总数＋自助服务事件数	≥90%	目标值区间法
		工单合格率	抽检符合工单录入规范的工单数量/抽检的工单总数量	≥90%	目标值区间法
		一线解决率	一线解决率＝一线解决的问题数量/所有问题数量×100%	≥20%	目标值区间法
		事件响应超时率	事件响应超时率＝超过响应时间要求的事件数量/所有事件数量×100%	<10%	目标值区间法
		来电呼损率	来电呼损率＝接通的来电数量/所有来电数量×100%	<10%	目标值区间法
		有效投诉量	有效投诉量＝接收到且属实的客户投诉数量	0次	目标值区间法
	工作态度	出勤情况	出勤情况＝正常出勤（无迟到、早退、旷工）的人天数/应正常出勤的人天数×100%	100%	目标值区间法
		违规次数	违规次数＝实际违规行为次数	0次	(1) 无违规情况出现的，得 100 分；(2) 出现一次或以上违规行为的，得 0 分
		知识贡献数	知识贡献数＝实际贡献的知识数量	由各级运维单位制定当年该指标的目标值	(1) 每月贡献知识数大于等于 3 条，得 100 分；(2) 每月贡献知识数 2 条，得 80 分；(3) 每月贡献知识数 1 条，得 60 分；(4) 每月未贡献知识的，得 0 分

评价对象		指标	计算方法	目标值	评分办法
二线人员	工作量	事件量	事件量=实际接收到的事件数量	无	无
		平均客户满意度	∑（满意度）/统计次数	≥80	目标值区间法
		事件解决率	事件解决率=评价周期内评价对象的平均事件解决率	≥80	目标值区间法
		响应超时率	响应超时事件数/事件总数	<10%	目标值区间法
	工作质量	到达现场超时率	超出优先级要求到达现场位数/现场处理事件总数	<10%	目标值区间法
		解决超时率	解决超时率=超过解决时间要求的事件数量/所有事件数量×100%	<10%	目标值区间法
		工单合格率	抽检不符合工单录入规范的工单数量/抽检的工单总数量	≥90%	目标值区间法
		有效投诉量	有效投诉量=接收到且属实的客户投诉数量	0次	目标值区间法
	工作态度	出勤情况	出勤情况=正常出勤（无迟到、早退、旷工）的人天数/应正常出勤的人天数×100%	100%	目标值区间法
		违规次数	违规次数=旷工次数+迟到次数+早退次数+其他违规次数	0次	（1）无违规情况出现的，得100分；（2）出现一次或以上违规行为的，得0分
		知识贡献数	知识贡献数=实际贡献的知识数量	由各级运维单位制定当年该指标的目标值	（1）每月贡献知识数大于等于5条，得100分；（2）每月贡献知识数3条或4条，得80分；（3）每月贡献知识数1条或2条，得60分；（4）每月未贡献知识的，得0分

续表

评价对象	指标		计算方法	目标值	评分办法
三线人员	工作量	工单量	工单量=实际接收到的工单数量	无	无
		响应超时率	响应超时事件数/事件总数	<10%	目标值区间法
		问题解决超时率	问题解决超时率=超过解决时间要求的问题数量/问题总数×100%	<10%	目标值区间法
	工作质量	问题成功解决率	（标记为成功解决的问题数量/问题总数量）×100%	≥80%	目标值区间法
		工单合格率	抽检不符合工单录入规范的工单数量/抽检的工单总数量	≥90%	目标值区间法
		有效投诉量	有效投诉量=接收到且属实的客户投诉数量	0次	目标值区间法
		识别问题数	识别问题数=识别的问题数量	2条	目标值区间法
	工作态度	出勤情况	出勤情况=正常出勤（无迟到、早退、旷工）的人天数/应正常出勤的人天数×100%	100%	目标值区间法
		违规次数	违规次数=旷工次数+迟到次数+早退次数+其他违规次数	0次	目标值区间法
		知识贡献数	知识贡献数=实际贡献的知识数量	由各级运维单位制定当年该指标的目标值	（1）每月贡献知识数大于等于5条，得100分；（2）每月贡献知识数3条或4条，得80分；（3）每月贡献知识数1条或2条，得60分；（4）每月未贡献知识的，得0分

8.5　地市级运维队伍职能 "转型" 建议

CSGⅡ企业管理信息系统将全面推广上线，原属地市级信息人员的部分信息系统运维工作将上移至省级，需开发地市级信息队伍新职能，加强地市级信息中心管理职能。建议从以下方面开展工作：

（1）发展地市级信息中心团队数据应用技能。CSGⅡ企业管理信息系统数据的源头在地市，数据的应用也在地市，地市级信息中心在数据方面大有可为。通过加强地市级信息中心数据管理和应用职能，将提升CSGⅡ企业管理信息系统在地市的应用效果。建立CSGⅡ企业管理信息系统数据基层分享管理机制，实现数据回流到地市级信息中心手中，让信息中心可以充分利用数据创造价值。数据基层分享管理机制包括分类分级的数据分享规则，数据分享的安全技术保障，数据分享效果的追踪评价规则，数据应用成果的归集、推广管理方案。地市级信息中心负责组织和协调跨部门之间数据的横向融合，鼓励信息中心员工和业务部门员工组成数据价值联合创新单元，为主要业务部门配置信息中心统计分析服务专责，提升数据应用能力。

（2）发展地市级信息中心团队需求管理能力。促进地市级信息中心参与业务需求的提出，利用 EA 统一框架，规范、准确地表达需求，并将业务需求与非业务需求进行融合。更规范准确的需求描述将促进网省地三级对需求理解的一致，提高需求分析效率。

（3）发展地市级信息中心团队辅助合规遵从管理职能。建议在地市局建立信息化审查机制，形成一套针对不同业务专业、系统全面的审查规则，在自动化工具合规性审查的基础上，开展人工的数据及流程合理性审查，及时识别并纠正异常数据或流程，不断提高系统数据质量，保证CSGⅡ企业管理信息系统实用化水平稳步提升。

参 考 文 献

[1] "什么是 Linux 容器?", [EB/OL] [2021-04-25], https://www.redhat.com/zh/topics/containers/whats-a-linux-container.

[2] "Kubernetes 文档", [EB/OL] [2021-04-25], https://kubernetes.io/zh/docs/home/.

[3] "Swarm mode overview", [EB/OL] [2021-04-25], https://docs.docker.com/engine/swarm/.

[4] "Mesos", [EB/OL] [2021-04-25], http://mesos.apache.org/.

[5] "Flannel", [EB/OL] [2021-11-24], https://github.com/flannel-io/flannel.

[6] "Raft 一致性协议", [EB/OB] [2021-11-24], https://raft.github.io/.

[7] "覆盖网络", [EB/OL] [2021-04-25], https://zh.wikipedia.org/zh-hans/%E8%A6%86%E7%9B%96%E7%BD%91%E7%BB%9C.

[8] "Zookeeper", [EB/OL] [2021-04-25], https://zookeeper.apache.org/.

[9] "Kubefed", [EB/OL] [2021-04-25], https://github.com/kubernetes-sigs/kubefed.

[10] "Fleet", [EB/OL] [2021-04-25], https://rancher.com/.

[11] "Gardener", [EB/OL] [2021-04-25], https://github.com/gardener/gardener.

[12] "Istio", [EB/OL] [2021-04-25], https://istio.io/.

[13] "Liinkerd", [EB/OL] [2021-04-25], https://linkerd.io/.

[14] "AmazonAppMesh", [EB/OL] [2021-04-25], https://aws.amazon.com/cn/app-mesh/.

[15] "AirbnbSynapse", [EB/OL] [2021-04-25], https://github.com/airbnb/synapse.

[16] Dean J, Ghemawat S. MapReduce: simplified data processing on large clusters [J]. Communications of the ACM, 2008, 51 (1): 107-113.

[17] Zaharia M, Chowdhury M, Franklin M J, et al. Spark: Cluster computing with working sets [C] //2nd USENIX Workshop on Hot Topics in Cloud Computing (HotCloud 10). 2010.

[18] "ShardingSphere", [EB/OL] [2021-04-25], http://shardingsphere.apache.org/.

[19] "HDFS", [EB/OL] [2021-04-25], https://hadoop.apache.org/docs/r1.2.1/hdfs_design.html.

[20] "Ceph", [EB/OL] [2021-04-25], https://ceph.io/.

[21] "Multiprotocol Label Switching", [EB/OL] [2021-04-25], https://en.wikipedia.

org/wiki/ Multiprotocol_Label_Switching.

［22］ "软件定义网络"，［EB/OL］［2021-04-25］，https://en. wikipedia. org/wiki/Software-defined_networking/.

［23］ "云计算"，［EB/OL］［2021-11-24］，https://en. wikipedia. org/wiki/Cloud_computing.

［24］ "华为智能运维解决方案白皮书"，［EB/OL］［2021-11-24］，https://carrier. huawei. com/~/media/CNBGV2/download/products/servies/Huawei-Intelligent-Operations-White-Paper-cn. pdf.

［25］ 陈熹，RickySun，孙宇熙. 软件定义数据中心：技术与实践［M］. 北京：机械工业出版社，2015.

［26］ 邓晓衡，关培源，万志文，等. 基于综合信任的边缘计算资源协同研究［J］. 计算机研究与发展，2018，55（3）：449-477.

［27］ 张伟哲，张宏莉，张迪，等. 云计算平台中多虚拟机内存协同优化策略研究［J］. 计算机学报，2011（12）：2265-2277.

［28］ 宗旋. 多云协同存储架构及方法研究［D］. 西安电子科技大学，2014.

［29］ 王柳峰. 基于虚拟化的云计算平台内存资源协同共享技术研究［D］. 国防科学技术大学，2011.

［30］ 李波，周恩卫，沈斌. 分布式计算环境中的协同分配任务调度仿真系统［J］. 计算机工程与科学，2012，34（2）：82-86.

［31］ 童非. 网格环境下资源协同工作流模型的研究和设计［D］. 武汉理工大学，2008.

［32］ 艾渝童. 异构物联网中多维资源协同及高效计算卸载策略研究［D］. 北京邮电大学，2019.

［33］ 王帅龙. 信息中心网络中资源协同问题研究［D］. 南京大学，2017.

［34］ 张伟，宋莹，阮利，等. 面向 Internet 数据中心的资源管理［J］. 软件学报，2012，23（002）：179-199.

［35］ 李阳阳. 数据中心网络资源管理及调度技术研究［D］. 北京邮电大学，2015.

［36］ 付哲. IT 系统一体化运维监控及服务预警平台的设计与实现［J］. 电子制作，2013（15）：119-120.

［37］ 李向东，范玉青，段国林，等. 面向网络化制造的中小企业协同管理平台研究［J］. 计算机集成制造系统，2005，11（11）：1564-1570.